BEITRÄGE

ZUR

KENNTNIS DES DRACHENBLUTES

VON

HUGO LOJANDER.

STRASSBURG
BUCHHANDLUNG VON KARL J. TRÜBNER
1887.

Strassburg, Buchdruckerei H. L. Kayser.

SEINEM VEREHRTEN LEHRER

HERRN PROFESSOR F. A. FLÜCKIGER

DR. PHIL. ET MED.

IN HOCHACHTUNG UND DANKBARKEIT

GEWIDMET

VOM

VERFASSER.

Uebersicht des Inhaltes.

	Seite
Citirte Literatur	7
Einleitung	13
Geschichtliches über die verschiedenen Drachenblutsorten und ihre Stammpflanzen	17
Daemonorops Draco Bl. und das ostindische Drachenblut	18
Drachenblut der Canarischen Inseln und Madeiras von Dracaena Draco L.	21
Dracaena Ombet Kotschy et Peyritsch	28
Drachenblut von Dracaena Cinnabari Balfour fil. aus Socotra	29
Stammpflanzen, Gewinnung und Handelsverhältnisse der Drachenblutsorten	33
Daemonorops Draco Bl. und Palmen-Drachenblut	33
Dracaena Draco L. der Canarischen Inseln	35
Dracaena schizantha Baker und das Drachenblut der Somaliküste	40
Dracaena Ombet Kotschy et Peyritsch	41
Dracaena Cinnabari Balfour fil. und das Drachenblut der Insel Socotra	45
Chemie des Drachenblutes	49
Uebersicht der untersuchten Sorten	49
Chemie des Palmen-Drachenblutes	53
Eigenschaften des Canarischen Drachenblutes	55
Eigenschaften des Drachenblutes von Dracaena schizantha Baker	56
Chemie des Drachenblutes aus Socotra	57
Eigenschaften	57
Trockne Destillation	59
Oxydation mit Salpetersäure	60
Schmelzung mit Kaliumhydroxyd	62
Schmelzung mit Natriumhydroxyd	67
Versuche zur Isolirung der Harzsäure	69
Ergebnisse	70
Erklärung der Tafeln	73
Tafeln.	

Citirte Literatur.

1. Pharm. Journal. XIV (Lond., Febr. 1884), p. 611.
2. Aëtii medici graeci ex veteribus medicinae Tetrabiblos. Basileae 1542. IV, Serm. III, Cap. XII.
3. Avicennae libri in re medica omnes, qui hactenus ad nos peruenere. Venetiis 1564. Liber II, Tractatus II, Cap. 609, p. 373.
4. Practica Jo. Serapionis per Gerardum Cremonensem. De simplici medicina. Lugd. 1525, p. 249.
5. Christóval Acosta: Tractado de las drogas y medicinas de las Indias orientales con sus plantas debuxadas al biuvo.... que las vio ocularmente. Burgos 1578, p. 117, 118, 126.
6. Vielhever: Descriptio exoticae materiae etc. Lipsiae 1676.
7. Valentini (Mich. Bernh.): Historia simplicium reformata etc. Francofurti ad Moenum 1716, p. 265.
8. Rumphius: Herbarium amboinense. Amstelodami 1741—1755. V, p. 114, tab. 58, fig. A—D.
9. Robert Morison: Plantarum historia universalis Oxoniensis. (Nach seinem Tode von Jacob Bobart herausgegeben.) Oxonii 1699. III, p. 220.
10. Ray: Historia plantarum. London 1686. III, p. 615.
11. Ochs: De Sanguine Draconis. Altdorfi 1712.
12. Joh. Commelyn: Catalogus plantarum horti medici amstelodamensis. 1706, p. 206.
13. Samuel Dale: Pharmacologia seu manuductio ad materiam medicam. Londini 1693, p. 463.
14. Kämpfer: Amoenitatum exoticarum politico-physico-medicarum fasciculi V. Lemgoviae 1712, p. 554.
15. Pomet: Histoire générale des drogues. Paris 1694. Theil I, Buch VII, p. 259—260.
16. Linné: Systema plantarum. Ed. Joh. Reichard. II, p. 93. Francofurti a. M. 1799.
17. Plenck: Icones plantarum medicinalium. Viennae 1788, tab. 276.
18. Willdenow: Linnaei species plantarum. II, 1, p. 203, 3. Berolini 1799.
19. Lamarck: Encyclopédie méthodique. Botanique. VI, p. 305. Paris 1804.
20. Bosc: Nouveau Dictionnaire d'histoire naturelle. XXIX, p. 487. Paris 1819.

21. Gärtner: Carpologia seu descriptio et icones etc. Lipsiae 1805. II, p. 268, tab. 139.
22. Nees von Esenbeck: Plantae medicinales. Düsseldorf 1821—33. Fasc. 17, tab. 3—4.
23. Kunth: Enumeratio plantarum. Paris 1822. III, p. 210.
24. Sprengel's Ausgabe von Linné's Systema vegetab. II, p. 17. Göttingen 1825.
25. Poiret: Dictionnaire des sciences naturelles. XLVII, p. 202. Strasbourg 1827.
26. Römer u. Schultes' Ausgabe von Linné's Systema veget. 1830. VII, p. 1323.
27. Martius: Genera et species palmarum. p. 211, 25, tab. 116, fig. IX. München 1823.
28. Blume: In Bijdrag tot de Natuurk. Wetenschappen. X (1832), p. 115. Amsterdam.
29. Roxburgh: Flora indica or descriptions of Indian Plants. Serampore 1832. III, p. 774.
30. Blume: Rumphia. Lugd. Batav. 1836—1840. Tab. 131—132—137 c.
31. Miquel: Flora van Nederlandsch Indië. 1855, p. 95.
32. Kramer: Strabonis Geographia. Lib. III, Cap. 5, § 10. Berolini 1853.
33. Ernst Meyer: Botanische Erläuterungen zu Strabon's Geographie. Königsberg 1852, p. 12.
34. von Maltzan: Adolf von Wrede's Reise in Hadhramaut. Braunschweig 1870, p. 130.
35. Wossidlo: Ueber Wachsthum und Structur der Drachenbäume. Programm. Breslau 1868.
36. José de Viera: Noticias de la historia de las islas de Canaria. Madrid 1712.
37. Bontier et Le Verrier: The Canarian, or book of the Conquest and Conversion of the Canaries 1402. By Messire Jean de Béthencourt. Translated by R. H. Major. London 1872, Hakluyt Society. p. 64, 70, 126, 128.
38. A. von Humboldt: Ansichten der Natur. II, p. 105. Stuttgart 1849.
39. Ramusio: Viaggi et navigationi. I, p. 97. Venetiis 1554.
40. Münzer: Itinerarium ..... med. Doctoris Hieronymi Monetarii, oder besser bei: Kunstmann: H. Münzer's Bericht über die Entdeckung der Guinea, in Abhandl. der histor. Classe der königl. bayr. Acad. d. Wiss. Bd. VII, p. 337 (1855).
41. Valerius Cordus: Annotationes in Pedacii Dioscoridis Anazarbei de re medica materia libri V. Argentorati 1561, p. 207.
42. André Thevet: Les singularitez de la France antarctique. Nouvelle Édition par P. Gaffarel. Paris 1878, p. 36.
43. Clusius: Rariorum aliquot stirpium per Hisp. observatarum historia. Antwerpen 1601.

44. Lobelius: Plantarum seu stirpium historia. Antwerpen (1576) 1581, p. 640.
45. Monardes: Primera y secunda y tercera partes de la historia medicinal de las cosas que se traen de nuestras Indias occidentales que sirven en medicina. Sevilla 1574. Libro II, p. 78.
46. Tabernaemontanus: Neuw Kreuterbuch. Francfurt am Mayn 1588. 3 B., p. 665.
47. Caesalpinus: De plantis libri XVI. Florentinae 1583. Lib. II, Cap. 32, p. 69.
48. Wecker: Antidotum speciale. Basileae 1588.
49. Fragosus: Aromatum, fructuum et simplicium .... ex India orientali historia brevis. Edit. Spachii. Argentorati 1600, p. 49.
50. Bauhin: Προδρομος theatri botanici. Francofurti a. M. 1620, p. 499.
51. Parkinson: Theatrum botanicum Londini 1640, p. 1531.
52. Hernandez: Nova plantarum ..... mexicanarum historia. Romae 1651. Ausgabe von Antonio Reccho.
53. Schroeder: Pharmacopoeia medico-chymica. Ulmae 1649. Lib. IV, p. 215.
54. Johnston: Dendrographia seu hist. nat....... libri X. Francofurti a. M. 1662, p. 288.
55. Al. de Humboldt: Vues des Cordillères et monumens des peuples indigènes de l'Amérique. Paris 1810, Tafel 69.
56. Boerhaave: Index alter plantarum. Lugd. Bat. 1727. II, p. 169.
57. van Royen: Catalogus etc. Lugd. Bat., p. 22.
58. Blackwell: Herbarium Blackwellianum. Norimb. 1757—73. Cent. III, T. 358.
59. Linné: Species plantarum. Ed. 2. Holmiae 1762. I, p. 451.
60. Vandelli: De arbore draconis etc. in Roemer's Scriptores de plantis hisp., lusitan., brasil. Nürnberg 1776.
61. Crantz: De duabus arboribus Draconis. Wien 1768.
62. Hoyer: Amoenitates Acad. Linneanae. III, p. 407. Erlangen 1787.
63. Linné: Systema naturae. Ed. XII. II, p. 246.
64. Majer: Mémoire sur l'arbre du sang-dragon (in Mém. de l'acad. de Berlin, Classe de phil. expér., 1796, p. 29).
65. Jacquin: Fragmenta. 2, p. 4, t. 2, F. 4. Viennae 1801.
66. Tenore: Atti della Reale Accad. delle Scienze di Napoli. T. 3, p. 37, Taf. 3.
67. Haworth: Synopsis plantarum succulentarum. Norimb. 1819, p. 30.
68. Berthelot et Webb: Histoire naturelle des îles Canaries. Bd. I, Paris 1836, p. 52; 2me partie (1839), p. 97 und Bd. III, 3me partie (1840), p. 176.
69. Göppert: Beiträge zur Kenntniss der Dracaenen (in Nova acta phys. med. Acad. caes. Leopold. Carolin. T. XXV, p. 1).
70. Kühn: Medicorum graecorum opera. Vol. XXV. Ped. Dioscoridem continens. Cap. IX, p. 775.

71. Littré: Histoire naturelle de Pline. Paris 1877. Lib. XXIX, 8, 8.
72. Fabricius: Der Periplus des Erythraeischen Meeres von einem Unbekannten. Leipzig 1883, p. 67.
73. Constantini Africani post Hippocratem et Galenum etc. Basileae 1830, p. 378.
74. Leclerc: Notices et extraits des manuscrits. Paris 1883. I. Partie, Tome II, p. 179.
75. Stanley: A description of the coasts of East Africa and Malabar in the beginning of the 16th Century, by Duarte Barbosa. London, Hakluyt Society, 1866, p. 30.
76. Giov. di Barros: L'Asia. Secunda deca. Venetiis 1651. Libro I, Cap. III, p. 10a.
77. Heyd: Geschichte des Levantehandels im Mittelalter. Stuttgart 1879. I, p. 104.
78. Bonaini: Statuti inediti della città di Pisa dal XII al XIV secolo. Firenze 1857, p. 106.
79. Dapper: Umbständliche und eigentliche Beschreibung von Africa. Amsterdam 1670, p. 308.
80. Thevet: Cosmographie universelle. Paris 1575. I, p. 115b.
81. Wellsted: Memoir of the Island of Socotra (in Journ. of the Royal Geogr. Society. V (1835), p. 198).
82. Vaughan: Notes upon the drugs observed at Aden, Arabia (in Pharmaceutical Journal and Transactions 1853, p. 385).
83. A. von Krämer: Aegypten. Forschungen über Land und Volk. Leipzig 1863.
84. Hunter: Notes on Socotra (in Journ. of the anthropol. Institute. Febr. 1878).
85. Balfour: The Dragon's Blood Tree of Socotra (in Transactions of the Royal Soc. of Edinburgh. Vol. XXX, Part. III, p. 619).
86. Flückiger: Pharmacognosie des Pflanzenreiches. 2. Aufl. Berlin 1883, p. 97 ff.
87. Dymock: Materia medica of Western India. Bombay 1883, p. 658.
88. Rauwenhoff: Tot de Kennis van Dracaena Draco L. (in Verhand. d. Koninkl. Acad. van Wetensch. X, p. 1, 1864).
89. Lemaire: Le jardin fleuriste. Gand 1851—54, p. 124.
90. Schacht: Madeira und Teneriffa. Berlin 1859.
91. Hayne: Getreue Darstellung der in der Arzneikunde gebräuchlichen Gewächse. IX, Tafel 2.
92. Tenore: Florae neapolitanae prodromus. Append. IV.
93. Baker: In The Journal of the Linnean Society. Vol. XIV (1875), p. 527.
94. Christ: Eine Frühlingsfahrt nach den Canarischen Inseln. Basel 1886, p. 186, 200.
95. Gardener's Chronicle 1880. Vol. XIII, p. 42.

96. Baker and Le M. Moore: Desciiptive notes on a few of Hildebrandt's East African Plants, in Journ. of Botany 1877, XV, p. 71.
97. Sitzungsberichte der Gesellsch. naturforschender Freunde zu Berlin. 1878, p. 129.
98. Kotschy: Plantae Tinneanae etc. Vindobonae 1867.
99. Schweinfurth: In Botan. Zeitung. XXVI (1868), p. 856.
100. Ritter: Erdkunde. Band XII (Arabien), 3 Buch, p. 610.
101. Th. von Heuglin: Reise nach Abessinien. p. 60. Jena 1868.
102. Beckurts: Jahresberichte der Pharmacognosie etc. 43—44 (1883—1884), p. 25.
103. Pharmaceutical Journal and Transactions. XIV (London 1883, November) p. 361.
104. Hirschsohn: Beiträge zur Chemie der wichtigeren Harze, Gummiharze und Balsame. Dissertation. Dorpat 1877.
105. Wiesner: Mikroskopische Untersuchungen. Stuttgart 1872. p. 91 ff.
106. Nuovi saggi della Ces. Accad. di Scienze di Padova. II (1828).
107. Journ. de pharmacie et des sciences accessoires. Tome XVII (1831), p. 225.
108. Philosophical Transactions. 1839, p. 134; 1840, p. 384.
109. Liebig's Annalen. (1848.) Band 67, p. 127.
110. Comptes rendus de l'Académie des Sciences de Paris. 17 und 19.
111. Liebig's Annalen. (1844.) Band 53, p. 311.
112. Liebig's Annalen. (1861.) Band 120, p. 68.
113. Liebig's Annalen. (1865.) Band 53—54, p. 283.
114. Wien. Acad. Sitzungsberichte. (1880.) Band LXXXII, 2. Abth., p. 479.
115. Journal de Pharmacie et de Chimie. XXXIII (1875) p. 209.
116. Barth und Schreder: In Ber. der deutschen chem. Gesellsch. Band XII (1879), p. 417, 503.
117. Hadelich: Erdmann's Journal für prakt. Chemie. Band LXXXVIII (1862) p. 329.
118. Ducommun: Étude sur les acides cristallisables des Abiétinées. Thèse. Berne 1885.

Unter der Bezeichnung Drachenblut, Sanguis Draconis, versteht man das aus verschiedenen, besonders zu der Palmengattung Daemonorops und der Gattung Dracaena aus der Familie der Liliaceen gehörigen Pflanzen freiwillig oder, wie im letzteren Falle, aus absichtlich gemachten Wunden herausgequollene rothe Harz. Die eigenthümliche Benennung Drachenblut findet sich schon bei Dioscorides und Plinius, indem jener es Αἷμα δράκοντος nannte, und dieser es als das «Blut des durch die Schwere der sterbenden Elephanten zerdrückten Drachen» beschrieb. Ursprünglich wurde damit das von der Insel Socotra kommende Harz gemeint; später ging die Benennung auf andere rothe Harze über.

Die Geschichte der Dracaena-Harze lässt sich bis in die vorchristliche Zeit zurück verfolgen, sie fanden vielfache Verwendung sowohl in der Medicin, als in der Kunsttechnik. Heute ist dieses weit weniger mehr der Fall; hier und da dient Drachenblut noch als Zusatz zu Pflastern und Zahnpulvern und in einzelnen Gegenden auch als volksthümliche Vieharznei. Die Kunsthandwerker benutzen es zu feinen Firnissen. In der ersten Auflage der deutschen Pharmakopöe 1872 war Sanguis Draconis noch aufgenommen. Die Anwendung des Harzes ist keineswegs auf Europa beschränkt; in seinen verschiedenen Heimatländern bedient man sich seiner als Heilmittel und als technisches Rohmaterial findet es seinen grössten Absatz in Indien und China. Das ostindische Palmen-Drachenblut kommt beinahe ausschliesslich auf den Weltmarkt; die übrigen Sorten, mit Ausnahme desjenigen aus Socotra, welches in kleinen Mengen nach dem Osten Asiens ausgeführt wird, sind entweder noch sehr wenig bekannt, oder nur von historischer Bedeutung, wie namentlich das Drachenblut der Canarischen Inseln. Immerhin mag dem Harze in der Zukunft noch eine grössere Bedeutung bevorstehen, da die Engländer eine Menge junger Drachenblut-Pflanzen zur Cultur nach Jamaica gebracht haben (unten, S. 48)[1]. Obwohl kein Gegenstand des Grosshandels, bietet das Harz doch mehrfaches Interesse. Ein sprechendes Zeugnis hierfür mag in der umfangreichen Literatur erblickt werden, welche sich über diesen Gegenstand im Laufe der Zeiten angehäuft hat.

Auch für den Botaniker sind die verschiedenen Drachenblutharze von Interesse, insofern sie so verschiedenen Stammpflanzen angehören. Eine derselben, der berühmte Drachenbaum bei Orotava auf Tenerife, ist durch die anziehenden Schilderungen Alexander's von Humboldt weltbekannt geworden. Heute sind ungefähr 50 Arten der Gattung Dracaena bekannt, welche alle den warmen Ländern angehören. Nur 4 oder 5 derselben geben Drachenblut, nämlich: Dracaena Draco auf den Canarischen und Capverdischen Inseln, Dracaena Ombet (fraglich) in Nubien, Dracaena schizantha Baker an der Somaliküste, Dracaena Cinnabari Balfour fil. in Socotra, sowie eine in Hadhramaut, in Südost-Arabien, vorkommende, noch nicht näher untersuchte Art. Einige Botaniker betrachten letztere als Dracaena Ombet, doch fehlt dafür der Beweis. Unter den Palmen ist es hauptsächlich die Rotangpalme, Daemonorops Draco Bl., welche das in den Handel gelangende Harz giebt. Das von Daemonorops accendens in Sumatra gewonnene Product hat wohl nur eine locale Bedeutung und zwar zur Braunfärbung des spanischen Rohres. In Brasilien heisst das Harz der Euphorbiacee Croton erythrina, sowie in Central-Amerika und Mexico dasjenige, welches wahrscheinlich von Croton Draco Schltdl. stammt, gleichfalls Drachenblut. Sanguis draconis de Cartagena, in Westindien, von der Papilionacee Pterocarpus Draco L. gewonnen, kommt nicht in den Welthandel.

Ebenso wenig die Harze von Croton hibiscifolius Kth. in Neugranada und Dalbergia monetaria L. in Surinam, die wohl auch Drachenblut heissen. Der Name «Drago» wurde demgemäss von den Spaniern verschiedenen Bäumen beigelegt, welche rothe Harze liefern, wie die wahren «Drachenbäume». So ist z. B. von solchen die Rede in dem merkwürdigen Berichte des Dr. Diego Garcia de Palacio aus Central-Amerika vom Jahre 1576, welcher von Flückiger (Pharmacognosie, S. 310) angeführt wird.

Es ist hiernach verständlich, dass sogar Linné in der ersten Ausgabe der Materia medica (Holmiae 1749, S. 184) das Drachenblut Javas und Ostindiens von einem Pterocarpus, «Draco arbor indica siliquosa, populi folio, Angsana javanica», ableitete.

Unter den verschiedenen Sorten des Drachenblutes ist nur das Palmenharz bis jetzt untersucht; ich verdanke Herrn Professor Flückiger die Anregung zur vergleichenden Untersuchung des Harzes von Dracaena. Für dasjenige von Dracaena Cinnabari Balfour fil. aus Socotra sind wir dem hochverdienten Afrikareisenden Dr. Georg Schweinfurth zum grössten Danke verpflichtet. Dieses Drachenblut erwies sich als vollkommen übereinstimmend mit einem Harze aus Socotra, welches sich Professor Flückiger 1877 und 1879 durch die Gefälligkeit des englischen Assistant Resident, Captain F. M. Hunter, F. R. G. S. etc. in Aden verschafft hatte.

Im Laufe der Zeiten ist über Drachenblut sehr viel geschrieben worden; ich habe geglaubt, meiner Arbeit möglichst vollständige literarische Nachweise aus der bezüglichen, sehr zerstreuten Literatur beigeben zu sollen.

Geschichtliches über die verschiedenen Drachenblutsorten und ihre Stammpflanzen.

Wie schon auf Seite 13 erwähnt, fand Drachenblut bereits im Altertume Verwendung, namentlich dasjenige der Dracaena Cinnabari.

Es ist auch wohl möglich, dass gerade dieses Harz aus Socotra, dem Mittelpunkte des Landes Punt, im alten Aegypten bekannt war. Wenigstens hat man auf altägyptischen Denkmälern Inschriften gefunden, welche unter anderen Harzen aus jenem Lande Punt auch eines erwähnen, dessen Eigenschaften und ganz eigenartige medicinische Anwendung mit Angaben mancher arabischen Schriftsteller des Mittelalters merkwürdig übereinstimmen.

Bei den Schriftstellern aus den ersten Jahrhunderten unserer Zeitrechnung findet man sehr oft Drachenblut erwähnt, nur ist zuweilen nichts über die Herkunft des Harzes angegeben, wie z. B. bei dem im VI. Jahrhundert lebenden Arzte Aëtius[2] aus Diarbekir, dem arabischen Gelehrten Avicenna (Ibn Sina)[3] am Ende des X., sowie bei dem persischen Arzte Serapion[4] (Ibn Serâfjûn) Ende des XI. Jahrhunderts. Aëtius gibt nur an, dass das Drachenblut, Αἷμα δράκοντος, aus «Herba dracunculus» in Indien gewonnen werde. Avicenna weiss noch weniger; er nennt das Harz alachuin, fragt aber: «quid est?», und gibt auch sogleich kurze Antwort: «est succus rubeus, notus». Serapion glaubt mehr als Aëtius zu wissen, denn es heisst in der lateinischen Uebersetzung der Werke des letzteren: «.... dicunt autem quidem et est succus cujusdam herbae: quod falsum est. Est autem gummi cujusdam arboris in Persia et in India nascentis.»

Auch fügt er hinzu: «Sophisticatur autem quidem ex pulvere minii cum alio succo postea indurato».

Indessen wissen wir nun, wie aus dem Folgenden hervorgeht, dass das Drachenblut im Altertum meistens von der Insel Socotra kam.

Daemonorops Draco Blume und das ostindische Drachenblut.

(Tafel I und II.)

Die erste einigermassen bestimmte Erwähnung eines Drachenblutes aus Sumatra finden wir bei dem spanischen Arzte Christóval Acosta im Jahre 1578[5]. Diesem zufolge war dasselbe schon den Chinesen, Persern und Arabern bekannt; dasjenige der Canarischen Inseln bei den zwei letztgenannten Völkern.

Es fanden sich aber später auch Beobachter, welche behaupteten, dass das Drachenblut nichts weiter sei als Ziegenblut mit Bolus und «Succus Florum Fraxini» gefärbt. Solche waren Beverwyck und Vielhever[6].

Einer der Ersten, welche die wahre Abstammung des Harzes kannten, war der Apotheker Johann Gottfried Vitus in Worms. Er versicherte, dass das Drachenblut nicht von einem Baume, sondern von einem starken Rohre, «crassiore Arundine», gewonnen wurde. Valentyn[7], welcher dieses später, 1716, erzählt, sagt, dass er es nicht hätte glauben können, wenn es nicht anderweitig bestätigt worden wäre, und zwar in einem Briefe des ausgezeichneten Pflanzenfreundes Rumphius, datirt Amboina Victoria, den 15. September 1689, und gerichtet an Herbert de Jager. In diesem Briefe erzählt nun Rumphius, dass das Drachenblut aus den Früchten einer palmenähnlichen «Palmijuncus» gewonnen werde. Und da diese Früchte den Tannenzapfen ähnlich waren, wurde die Pflanze, zum Unterschiede von anderen, Palma pinus, Palma conifera spinosa genannt[8].

1680 äusserte sich darüber auch der Engländer Robert Morison. In seiner, von Bobart 1699 posthum herausgegebenen Plantarum Historia universalis Oxoniensis wird eine Arundo farcta Indiae orientalis Sanguinem Draconis manans erwähnt und beschrieben[9]. Aehnlich auch bei Ray 1688[10], und 1712 von Ochs in seiner Dissertation über Drachenblut[11]. Im Jahre 1706 beschreibt der Holländer Commelyn[12] unsere Pflanze folgendermassen: «palma prunifera, foliis Yuccae, fructu in racemis congesto, cerasiformi, duro cinereo, pisi magnitudine, cujus lacryma Sanguis Draconis dicta». Valentyn nennt sie später, 1716, Drakenbloeds Rotang[7], und der Londoner Arzt Samuel Dale bezeichnete sie als palma sanguinem fundens altera ......resina e fructu stillans ... in Amboina[13].

Kämpfer gab um das Jahr 1712 an, dass mehrere Sorten Drachenblut im Handel vorkämen und in verschiedenen Weltgegenden von mehreren Pflanzenarten stammten[14]. Der canarische Baum Draco liefere auf den Canarischen Inseln Drachenblut in Stücken, glebis; eine zweite Sorte, in Thränen, guttis, komme vom Orient, und zwar aus Aethiopien und Madagascar. Endlich nannte Kämpfer Drachenblut aus dem Lande der Malajen und Javanesen, «durch Kunst» aus einer kleinen, den Tannenzapfen ähnlichen Frucht eines sehr stacheligen Baumes gewonnen. Er erwähnt als in Indien vorkommende «Rohr»-Pflanzen Rottang oder Rottanj, d. i. eine Rohrpflanze mit festem, nicht hohlem Stamme, und Bambuu, hohle Rohre. Von der ersteren unterscheidet er drei Arten, Rotanj Salàg, Rotanj Gelàg und Rotanj Dsjernang, von welcher letzteren das Drachenblut gewonnen wird. Von diesem Rohre, wie von der Gewinnungsweise des Harzes gibt er eine ausführliche Beschreibung.

1716 widmet Valentyn in seiner Historia simplicium reformata mehrere Seiten den Eigenschaften und Anwendungen des Drachenblutes[7]. Der Pariser Drogist Pomet führt neben der canarischen und socotranischen Sorte auch eine auf, welche von den Holländern aus Indien in Kuchen importirt wurde[15]. Diese war dunkelroth, hatte den

Geruch des Siegellacks und war nach Pomet's Meinung nichts Anderes als eine Mischung von echtem Drachenblut mit anderen Harzen. Pomet gedenkt auch der Fälschung des Drachenblutes mit Gummi, welches mit Fernambukholztinctur gefärbt wurde. In der letzten Hälfte des vorigen Jahrhunderts beschrieb Linné diese Drachenblut gebende Pflanze als Calamus Rotang var. δ Draco und Plenck bildete sie 1788 als Calamus Rotang ab[17]. Eine zweite Beschreibung derselben, unter dem Namen Calamus Draco, gab dann Willdenow[18], und unter dem gleichen Namen wird sie später von Lamarck 1804[19], von Rees, und Bosc[20] 1819 als Drachenblut gebend erwähnt. Spätere Beschreibungen und Abbildungen von Calamus Draco finden wir noch bei Gärtner 1805[21], Nees von Esenbeck 1821[22], Kunth 1822[23], Sprengel 1825[24], Poiret 1827[25], Römer und Schultes 1830[26], Martius 1831[27], Blume[28] und Roxburgh 1832[29].

Schliesslich benannte und beschrieb Blume dieselbe 1847 als **Daemonorops Draco**[30], unter welchem Namen sie auch 1855 von Miquel geschildert wurde[31].

Blume's Diagnose lautet folgendermassen:

Daemonorops Draco.

D. frondibus interdum cirrhiferis; segmentis plurimis lineari-lanceolatis acuminatissimis trinerviis margine et in nervis utrinque setis raris; aculeis vaginarum confertis transverse seriatis elongato-subulatis complanatis patentibus aut reflexis, rhachium inferne simplicibus rectis superne palmato-divisis recurvis; spadicibus laxis arrectis; spathis acuminatis, infima at utramque costam dorsalem aculeata; fructibus ellipsoideo-globosis (cerasi magnitudine).

Das indische Palmenharz ist wohl zu denselben Zwecken herbeigezogen worden, wie das Harz der Dracaenen. Schon die oben genannten griechischen, arabischen und persischen Schriften führen eine Menge bezüglicher Anwendungen auf. Es schien alle möglichen Heilwirkungen zu besitzen, wurde aber hauptsächlich als styptisches und austrocknendes Mittel benutzt. Es wurde bei Speichelfluss, Lungenauswurf, profusem Schweisse, bei Durchfall etc. verabreicht; äusserlich diente das Drachenblut in Form von Electuarium gegen scorbutische Zähne, als Bestandtheil von Pflastern und Salben bei der Behandlung von Wunden. Der schon oben genannte griechisch-arabische Arzt Aëtius gibt ein Recept zu einem solchen Pflaster.

Weniger oft wurde es zu technischen Zwecken verbraucht; doch diente das Drachenblut von jeher in China zu Firnissen und Farbenmischungen, besonders bei feineren Tischlerarbeiten, wie übrigens heute noch auch in Europa.

Die medicinische Anwendung ist jetzt aber sehr unbedeutend. Vor anderthalb Jahrzehnten war das Harz noch in den deutschen (Pulvis arsenicalis Cosmi), ungarischen (Emplastrum ad rupturas), holländischen (Emplastrum resinosum rubrum), belgischen (Alumen draconisatum) und französischen Pharmakopöen aufgenommen. Einige Pflaster, Pillen und Zahnpulver, in welchen es einen Bestandtheil bildet, wie Emplastrum Opodeldoch, Pilulae adstringentes, Pilulae helveticae, sowie ein hämostatisches Wasser von Tisserand werden noch hie und da genannt, ebenso dient es, wie schon Seite 13 angegeben, auch als volksthümliches Vieharzneimittel.

Drachenblut der Canarischen Inseln und Madeiras, von Dracaena Draco L.

Von allen hier in Betracht kommenden Pflanzen ist Dracaena Draco L. diejenige, welche ihrer aussergewöhnlichen Grösse, ihrer langen Lebensdauer, ihrer Geschichte wegen das meiste Interesse erregt. Ueber diesen Baum liegt eine umfangreiche Literatur vor, welche zum Theil beinahe 2000 Jahre zurückreicht.

Die erste Angabe über Dracaena Draco L. und ihr Harz findet man bei Strabon.

Im dritten Buche seiner grossen Länder- und Völkerkunde, Γεωγραφουμέγα, berichtet er hierüber, was er von seinem Freunde, dem Geographen Posidonius, erfahren[82]. Dieser hatte bei Gades, dem jetzigen Cadiz, einen Baum gesehen, dessen fruchttragende Zweige oftmals zur Erde niedergebogen waren und schwertförmige, eine Elle lange und vier Finger breite Blätter trugen. Aus den abgebrochenen Zweigen floss eine Milch heraus und wenn man in die Wurzeln einen Einschnitt machte, drang ein rothes Harz hervor. Dieser Baum mag wohl ein nach Spanien gebrachtes Exemplar von Dracaena Draco gewesen sein, obwohl die herabgebogenen Zweige nicht zu Dracaena Draco passen. Gegen diese Annahme, welcher auch Ernst Meyer in seinen botanischen Erläuterungen[83] zum obengenannten Werke Strabon's beitritt, sind Einwendungen erhoben worden, welche sich unter Anderem auch auf die Unwahrscheinlichkeit des Hervorquellens einer Milch aus den abgebrochenen Aesten stützen. Diese können durch die Thatsache widerlegt werden, dass Adolf von Wrede in Hadhramaut vor einigen Jahren die gleiche Erscheinung an dortigen Drachenblutbäumen beobachtete[84]. Wossidlo, welcher diese Einwendungen gemacht, gibt die Möglichkeit zu, dass Posidonius den Drachenbaum mit dem zu jener Zeit in Spanien wahrscheinlich cultivirten Pandanus odoratissimus verwechselte[85]. Diesen Einwendungen ist kein Werth zuzumessen, da Pandanus erstens in Spanien im Freien nicht gedeihen kann, und zweitens weder rothes Harz gibt, noch Milchsaft enthält. Es ist somit höchst wahrscheinlich, dass der genannte Baum wirklich eine Dracaena war, da ja die uralten Bewohner der Canarischen Inseln den Baum kannten; dieses Volk, die Guanchen, verfertigte aus dessen Holze Schilde[86]. Das Harz diente zur Einbalsamirung der Todten; man hat in alten Grabkammern der Guanchen Drachenblut gefunden und der Baum selbst soll von denselben verehrt worden sein.

Obwohl die Canarischen Inseln ziemlich frühzeitig von Europäern besucht wurden, z. B. am Ende des dreizehnten

Jahrhunderts von genuesischen Seefahrern und in der Mitte des vierzehnten von einer Expedition des portugiesischen Königs Dom Luis, so vermisst man bis zum Anfang des fünfzehnten Jahrhunderts jede Nachricht über das Harz. Im Jahre 1402 überliess Robert de Bracamonte seinem Vetter, dem normännischen Edelmanne Jean de Béthencourt, seine bezüglichen Ansprüche, worauf dieser einen Theil der Inselgruppe eroberte. Von ihm erfährt man nun, dass das Drachenblut neben anderen geschätzten Producten von den Europäern auf den Inseln Gran Canaria, Palma und Tenerife vorgefunden wurde. Jean de Béthencourt erzählt, dass die Eingeborenen z. B. Drachenblut gegen Angelhaken, altes Eisen und kleine Messer austauschten[87]. Nach der Besitznahme der Inseln durch die Spanier, also vom Jahre 1478 an, bildete in der That das Drachenblut einen Ausfuhrartikel.

Während dieser normännischen und spanischen Zeit soll in dem hohlen Baumstamme des Orotava-Riesen an einem dort errichteten kleinen Altar Messe gelesen worden sein[88]. Die Seefahrer pflegten ihre Namen in die durch ihre Riesengestalten auffälligen Stämme der Dracaenen und Adansonien einzuschneiden: nicht immer blos zu rühmlicher Erinnerung, sondern auch als «Marcos», d. h. als Zeichen der Besitzergreifung.

Im Jahre 1455 besuchte der venetianische Seefahrer Alvise da cà da Mosto, auf Befehl des Infanten Heinrich des Seefahrers, Madeira und die Canarischen Inseln, und erfuhr bei dieser Gelegenheit, dass das Harz durch Einschnitte in den Stamm gewonnen und ausgeführt wurde. Hierüber schreibt 1613 Battista Ramusio im vierten Buche seiner Navigationi et viaggi folgendermassen: «In Insula Portus sancti (in Canariis una) est sanguis Draconis lacryma arboris ferro sauciatae: non stato anni tempore arbores incisae, emittunt anno sequente gummi, quod ahenis decoctum et defecatum, sanguis efficitur quem Draconis appellant. Eius arbor fructum producit Cerasi instar mense Martio, gustu eximium, coloris veneti»[89]. 1496 berichtet der österreichische

Arzt Dr. Hieronymus Münzer aus Feldkirch in seinem Itinerarium[40] über drei Drachenblutbäume, welche er bei dem Augustinerkloster in Lissabon gesehen. Aus seinem Berichte geht hervor, dass der Stamm eines derselben so dick war, dass zwei Männer ihn kaum umfassen konnten. Ein anderer war einem Pinus ähnlich, seine stark verästelte Krone und die Aeste zeigten «Internodien» wie das Rhizom von Acorus Calamus. Von dem letzten «Internodium» des Drachenblutbaumes gingen grosse Büschel aus von Blättern, welche denjenigen von Iris und Acorus Calamus ähnlich waren. Die grossen und dichten Rispen werden durch Münzer denen des Dattelbaumes verglichen und führten viele gelbe Früchte, welche im Januar reiften und dann roth und süss waren.

Derselbe Baum kam nach Münzer auch in Guinea vor. Reisende, welche die Aequinoctialgegenden besucht, berichteten ihm von derartigen, dort wachsenden Bäumen, welche so gross seien, dass die Aethiopier aus den «Internodien» der Aeste Kähne für 3—4 und aus dem ausgehöhlten Stamme solche für 40—60 Personen verfertigten. Hier wurden die Blätter als Viehfutter verwendet. Das Holz wurde als schwammig, fleischig und weich bezeichnet; es sei von kleinen Gefässen erfüllt, so dass es leicht ausgehöhlt werden konnte. Schliesslich wird auch bezüglich der (Augustiner-) Bäume auf Tenerife erwähnt: «... et in Martio extrahitur succus ruber, et est Sanguis Draconis.»

Um das Jahr 1540 wiederholte Valerius Cordus[41] die Fabeln von Dioscorides und Plinius, welche oben, Seite 13, bei dem socotranischen Harze angeführt sind, sowie eine Beschreibung seiner Eigenschaften und ihrer Anwendung. 1555 gab André Thevet in einer Schilderung der «lieblichen und fruchtbaren Inseln»[42] Auskunft über die Gewinnung des dort vorkommenden Drachenblutes. An dem Fusse des Blattes wurde ein breites und tiefes Loch gebohrt, in welchem sich das Harz sammelte. Nach Thevet's Meinung ist dieses mit Kinnabari von Dioscorides identisch. Auch war dasselbe damals, wie Thevet meint, nicht mehr mit den früheren Beschreibungen übereinstimmend, denn es wurde künstlich nachgeahmt. Er will nicht behaupten, dass der canarische «Gummi»liefernde Baum der gleiche sei, wie der auf dem afrikanischen Festlande vorkommende.

Clusius sah 1564 einen Drachenblutbaum bei dem der heiligen Jungfrau der Gnaden (à Gratia) gewidmeten Kloster, unweit Lissabon, und berichtet über einen Zweig desselben: «... est autem hic ramus (quem cum aliquot foliis corticisque fragmento, et lacryma meis manibus exemta multo tempore adversatum, a Caesare Maximiliano evocatus in Belgica cum multis aliis ejus generis reliqui) pedali amplioreve longitudine, cui inhaerent alii ramuli multo fructo racematim compacto onusti. Fructui color flavescens, sapor aliquantulum acidus, magnitudine exigui cerasi.» Diese Früchte müssen wohl nicht ganz reif gewesen sein, denn wie wir später sehen werden, ist der Geschmack süsser. Die erste Seite seines grossen Werkes Rariorum Stirpium Historia[43] widmet Clusius der Beschreibung und den Abbildungen des Drachenblutbaumes von den Canarischen Inseln, den er Draco Arbor nennt.

Mathias de L'Obel (Lobelius) erzählte 1576, gelegentlich einer Beschreibung des Baumes[44], dass ein lebendes Exemplar desselben aus Spanien im Besitze des trefflichen Apothekers Peter Coudenberg in Antwerpen war. Auch L'Obel gibt als Heimat des Drachenblutes die Canarischen Inseln und Madeira an: «Et sane id gummi quod apud diligentiores pharmacopolas invenitur, quodque Sanguinem Draconis in lacrymis appellant, magna ex parte e Madera et Canariis insulis in Europam invehitur: et forsitan etiam ex Aphrica, quae Cinnabarim Dioscoridis tempore subministrabat». Ziemlich gleichzeitig schilderte auch der spanische Arzt Nicolas Monardes[45] den Baum und Christóval Acosta erwähnt von den Portugiesen importirtes Drachenblut[5].

Tabernaemontanus wiederholte (1588) in seinem Neuw Kreuterbuch[46] die Angaben von Monardes.

Was Andreas Caesalpinus 1583[47] über diesen Gegenstand sagt, beruht ebenfalls auf den Angaben der hier oben citirten Verfasser.

Wecker erwähnt 1588, dass das Drachenblut mit Ziegenblut, armenischem Bolus und Sorbussaft verfälscht wurde[48].

Juan Fragoso, Leibarzt Philipp's II. von Spanien[49], erzählt, dass von den Canarischen Inseln Zweige und Früchte des palmenähnlichen Baumes Dragonal an den König geschickt wurden. Caspar Bauhin berichtet 1620 in seinem Pinax[50], dass Drachenblut von den Canarischen Inseln, sowie auch aus Cartagena (am Antillenmeer) eingeführt werde, also wohl schon eine auf die Papilionacee Pterocarpus Draco bezügliche Angabe.

Parkinson kannte 1640 ausser der medicinischen Bedeutung des Drachenblutes auch dessen Verwendung durch die Glaser und Goldschmiede[51]. Nach Parkinson kam das Harz aus «Brassil», was vielleicht auch auf Cartagena bezogen werden darf. Schon lange vorher hatte Hernandez, welcher 1571—1577 Mexico bereiste, dieses Harz beschrieben[52].

In dem seiner Zeit sehr verbreiteten Apothekerbuche des Frankfurter Stadtarztes Joh. Schroeder, dessen erste Auflage 1641 erschien[53], sind zum ersten Male einige der physikalischen Eigenschaften des Drachenblutes angegeben, denn es heisst dort, dass das Harz in Wasser löslich sei und dass es das Wasser dabei milchig trübe mache, aber ohne sich damit zu mischen; freilich fiele es wieder heraus und setze sich an die Wände des Gefässes fest.

Johnston beschreibt das Harz 1662, und erwähnt das Vorkommen des Drachenblutbaumes in Europa, z. B. in Coudenberg's Garten in Antwerpen (oben, Seite 25) und dem Grossherzoglichen Garten in Pisa[54]. Auch Ray besprach 1688 in seiner Historia plantarum das Harz und dessen Geschichte.

Nach der von Ochs in Altdorf verfassten Dissertation über Drachenblut[11] lieferte Boerhaave 1727 einen wichtigeren Beitrag zur Kenntnis des Baumes, indem er ihn als «Palma foliis longissimis pendulis absque ullo pedunculo ex caudice glabro enatis» schilderte[56]. Ihm gebührt das Verdienst, die herunterhängende Lage der Blätter beobachtet zu haben, was, wie wir unten sehen werden, von Wichtigkeit ist (vergl. auch oben, Seite 22). Später schildert van Royen den Baum als «Cordyline foliis inermibus integerrimis flaccidis»[57]. Miller, 1750, in The Gardener's Dictionary, und Elisabeth Blackwell, 1760, in dem Herbarium Blackwellianum[58], geben Beschreibungen der Dracaena. Der erstere nennt den Baum Palma Draco, die letztere gibt auch eine farbige Abbildung, doch zum Theil nach Clusius.

Die meisten der bisherigen Botaniker hatten auf die merkwürdige Aehnlichkeit der weisslichen wohlriechenden Blüthen mit denen des Asparagus officinalis hingewiesen. Linné wurde von einem seiner Schüler, Loefling, von Spanien aus, auf diese Thatsache aufmerksam gemacht. Der grossen, vielseitigen Verschiedenheiten ungeachtet führte Linné auf Grund der Blüthenähnlichkeit die Draco arbor als Asparagus Draco (doch mit ?) auf[59].

Im Jahre 1762 veröffentlichte Dominique Vandelli[60] eine kurze Abhandlung über diesen Gegenstand, welche, mit den Angaben von Clusius übereinstimmend, nichts Neues enthält. 1768 erörterte Crantz in der Arbeit «de duabus Arboribus Draconis»[61] die Aehnlichkeit der Blüthen unseres Baumes mit jenen des Asparagus und hob anderseits die Unterschiede hervor. Im Jahre 1770 sah Behrens im botanischen Garten in Berlin ein Exemplar des Baumes und gab in seiner in Göttingen erschienenen Arbeit, «De Arbore Draconis Clusii», eine Beschreibung desselben. Hier werden die Blüthen genauer untersucht und die von Crantz begangenen Fehler berichtigt. Im Jahre 1787 beschreibt van Royen den Baum als Yucca draconis, ebenso Hoyer 1787[62]. Auch Ludwig 1790, Ledru 1793[63], und Staunton[63] erwähnen und beschreiben Dracaena Draco. Die Letzteren haben den berühmten Riesen in Orotava auf Tenerife gemessen, der Erste fand den Umfang nahe dem Boden 74 Fuss, der Letztere bei 10 Fuss Höhe 12 Fuss Durchmesser. Später fand Leopold von Buch Drachenbäume wild bei Igueste auf Tenerife [88].

Nachdem die grossen Unterschiede zwischen Asparagus und Dracaena dargelegt worden, trennte Linné die letztere als ein eigenes Genus **Dracaena** [68], und speciell **Dracaena Draco L.** (von δράκαινα, Femininum von δράκων — Drache).

Die in Berlin wachsende und von Behrens früher vorgeführte Dracaena wurde 1796 von Majer gut abgebildet und sorgfältig beschrieben [64]. 1799 sah Alexander von Humboldt die grosse Dracaena auf Tenerife in dem Städtchen Orotava, in dem Garten des Señor Franqui, und durch Humboldt's Schilderungen ist der Baum wahrhaft berühmt geworden. Die von ihm ausgeführte Messung ergab, mehrere Fuss über dem Boden, 45 Pariser Fuss Umfang [88] und nicht viel über 65 Fuss für die Höhe. Der Baum soll schon bei dem oben (Seite 23) erwähnten Besuche Jean de Béthencourt's ebenso hoch und dick gewesen sein wie zur Zeit Humboldt's, Juni 1799. Daraus schloss dieser und nach ihm viele neuere Forscher, wie A. P. De Candolle, Endlicher, Unger u. a. m., auf ein sehr hohes Alter des Baumes. Eine sehr gute Abbildung gab Humboldt in seinem grossen pittoresken Atlas [55] nach d'Ozonne's (1776) Zeichnung. — Mehr oder weniger naturgetreue Abbildungen, sowie Beschreibungen der Dracaena Draco gaben ferner Jacquin (1801) [65], Willdenow [18 (II, 155)] (1809), Tenore [66] (1809), Römer et Schultes [26 (I, 37)] (1817), Haworth [67] (1819), Nees von Esenbeck [22 (I, 41—42)] (1821), Kunth [23 (V, 3)] (1822), Berthelot [68] (1827), sowie Göppert (1845) [69].

Dracaena Ombet Kotschy et Peyritsch.

Möglicherweise beziehen sich einzelne Angaben aus älteren Zeiten auf diesen Baum. Wir finden z. B. bei Strabon [82] eine Vergleichung des von Posidonius bei Cadiz getroffenen Drachenbaumes mit einer von Strabon in Aegypten gesehenen Art. Nach Erörterung der Aehnlichkeiten gibt dieser Schriftsteller Unterschiede, die in der Form der Blätter gipfeln, an. Von älteren Forschern, welche das Vorkommen eines Drachenbaumes im afrikanischen Festlande und besonders in Aegypten oder Abessinien erwähnen, sind Münzer, André Thevet, Lobelius und Kämpfer zu nennen.

Drachenblut von Dracaena Cinnabari Balfour fil.

Das von Socotra stammende Drachenblut, wahrscheinlich mit Einschluss desjenigen aus Hadhramaut, Abessinien und der Somaliküste, war den Alten frühzeitig bekannt, wie schon oben gezeigt wurde. Von Aegypten abgesehen, rührt die älteste bezügliche Angabe hierüber von Dioscorides her, welcher in der Mitte des ersten Jahrhunderts lebte. Er bezeichnete das Drachenblut unter dem Namen Κιννάβαρι ausdrücklich als aus Afrika stammend. In seiner Arzneimittellehre führt Dioscorides an, dass dieses vegetabilische Product vielfach für das aus Spanien gebrachte Minium (Schwefelquecksilber) gehalten wurde, obwohl jenes viel höher im Preise stand[70]. Plinius beschuldigte die Aerzte, an Stelle des Cinnabari in ihren Mixturen das giftige Minium zu verwenden: «.... comperique vulgo pro cinnabari indica in medicamenta minium addi, inscitia nominis, quod esse venenum docebimus inter pigmenta» [71].

Der im ersten Jahrhundert nach Christus lebende griechische Kaufmann und Seefahrer Arrianos aus Alexandria spricht von Κιννάβαρι το λεγόμενον Ἰνδικον und betont ausdrücklich, dass dieses nicht ein Mineral sei, sondern auf der Insel Dioscorida — der jetzigen Socotra — in Thränenform an den Bäumen vorkomme[72]. Auch Galenos bespricht das Drachenblut. Ebenso war das Harz in der arabischen Medicin des frühen Mittelalters bekannt. Die Araber nannten den betreffenden Baum Andam und das Harz selbst Dum-ul-akhawein, d. i. das Blut der zwei Brüder, unter welcher

Bezeichnung es noch heute in Arabien bekannt ist. So auch bei den Persern, welche das Harz Chun-siavuschan oder Khun-i-siyawaschán nennen.

Constantinus Africanus[73] und Averroes beschrieben die Eigenschaften, sowie die medicinischen Anwendungen des morgenländischen Drachenblutes. So auch gegen Ende des XII. Jahrhunders Ibn Baitar. Er schilderte das Drachenblut als ein rothes Gummi, welches wie Aloë von der Insel Socotra komme[74]. Rhazes und Serapion verwendeten das Drachenblut ebenfalls.

Der portugiesische Reisende Odoardo Barbosa erzählt in seinem in Ostindien im Jahre 1516 geschriebenen Reiseberichte, dass Drachenblutbäume in grosser Menge auf Socotra vorkämen[75]. Mit ihm stimmt im Jahre 1651 der Venetianer Giovanni di Barros überein, welcher sich dabei auf die Berichte des portugiesischen Seefahrers Tristan d'Acunha stützte[76].

Es war gerade dieses socotranische Harz, wahrscheinlich neben jenem aus dem Nord-Osten Afrikas und aus Arabien, welches man im Mittelalter in Europa in der Medicin und Kunsttechnik anwendete. So scheint es auch in Frankreich neben anderen morgenländischen Producten bekannt gewesen zu sein, denn man findet es zwischen den Jahren 822 und 986 in den geschäftlichen Aufzeichnungen des Klosters Corbie bei Amiens. Die Stelle lautet: «Istae sunt pigmentae, quas ad camaracum debemus comparare .... piper libras CXX, ciminum similiter, gingember ll. LXXX, gariófile ll. X .... spicum ll. V .... granomastice ll. X, thus ll. X, gotsumber ll. V .... sanguinem draconis ll. III, etc.»[77]. So auch in Italien, denn später, 1305, findet es sich im Zolltarife der Stadt Pisa, wo es neben «Garofali, Galanga, Ribarbarus, Aloë paticum und succultrinum, acafetide» u. a. m. mit einem Zolle von einem Soldo pro Centner belegt wird[78]. 1647 ist das Drachenblut in einer Strassburger Apothekentaxe unter «rohe und eingesottene Säfft» aufgeführt.

Dass das socotranische Harz nach Europa kam, und zwar über Goa, theilt Dapper 1670 in seiner ausführlichen

Beschreibung von Afrika mit. Nach ihm wurde es durch Einschnitte in die Rinde der Bäume gewonnen [79].

André Thevet erwähnt in seiner «Cosmographie universelle» das Drachenblut mit folgenden Worten: «.... Oultreplus, se recueille en Zocotere la drogue tant estimee par nos Grossiers, que les Apothicaires appellêt Sang de Dragon, qui est aussi la gomme d'un autre arbre, croissant és vallons des montagnes, non iamais gueres hault eslevé, bien que son gros tronc soit assez massif, ayant l'escorce deliee, et subtile...» [80].

Im achtzehnten Jahrhundert erwähnt Niebuhr es als Ausfuhrartikel der von ihm besuchten Landschaft Hadhramaut. In unserem Jahrhundert haben mehrere Reisende das Vorkommen des Drachenbaumes in Socotra bestätigt und ihn beschrieben. Wellsted lieferte 1834 eine längere Beschreibung der Insel, worin unter Anderm auch Dracaena vorkommt [81]. Wellsted fand aber keine Blüthen und hat den Baum daher als die Leguminose Pterocarpus Draco L. aufgeführt. Behufs der Gewinnung wurden Einschnitte nicht gemacht, Wellsted sagt vielmehr, dass das Harz freiwillig herausschwitze. Es wurde ihm versichert, dass nicht der zehnte Theil von der Menge, welche man eigentlich gewinnen könnte, eingesammelt werde, weil die Nachfrage allzu unbedeutend sei. 1853 zählte Vaughan socotranisches Drachenblut unter den aus Aden exportirten Drogen auf [82]. A. von Krämer erwähnt dasselbe im Jahre 1863 [83]. Der englische Resident-Assistent in Aden, Captain Hunter, gab im Jahre 1878 ebenfalls eine längere Beschreibung des Baumes und der Gewinnung des Harzes. Die Eingeborenen schaben bei der Gewinnung ein 2 Quadratzoll grosses Stück der Rinde ab; aus dieser Wunde schwitzt dann während 2—3 Wochen das Harz heraus [84].

Der botanische Charakter des Baumes war aber immer noch nicht festgestellt. Man glaubte eine Zeit lang nach Hildebrandt's Untersuchungen, dass der Baum mit der von ihm im Somalilande entdeckten Dracaena schizantha identisch sei, bis Wykeham Perry aus Socotra Zweige des dortigen Baumes mitbrachte, in denen man nun die von Kotschy und Peyritsch beschriebene Dracaena Ombet zu erkennen glaubte. Endlich beseitigte aber J. Bailey Balfour, welcher im Jahre 1880 die Insel Socotra erforschte, alle Ungewissheit über den Ursprung des socotranischen Drachenblutes. Er beschrieb den betreffenden Baum als Dracaena Cinnabari[85].

Stammpflanzen, Gewinnung und Handelsverhältnisse der Drachenblutsorten.

Daemonorops Draco Bl. und Palmen-Drachenblut.

(Tafel I und II.)

Das Drachenblut des jetzigen Handels stammt von der Palmengattung Daemonorops Draco Bl. aus dem Tribus Calameae (Rohrpalmen). Diese Species bewohnt die sumpfigen Urwälder der Provinzen Palembang und Jambi an der Ostküste Sumatras, sowie den südlichen und südwestlichen Theil von Borneo und wird auch auf einigen der östlichen Sunda-Inseln getroffen[86]. Es ist ferner angegeben worden, dass dieses ostindische Drachenblut auch von der Palme Daemonorops accendens gewonnen werde. Dieses letztere aber dient nur bei den Eingeborenen zur Braunfärbung des spanischen Rohres.

Die lianenartigen Rottangpalmen, zu welchen Daemonorops gehört, besitzen einen nur wenige Centimeter dicken, aber manchmal bis 100 Meter langen, mit starken Stacheln versehenen Stamm. Die Blätter sind regelmässig und paarig gefiedert, die Mittelrippe wird peitschenförmig fortgesetzt. Die im reifen Zustande scharlachrothen Früchte sind zu üppigen Trauben zusammengestellt. Diese Früchte sind kugelig bis eiförmig, mit kurzer Spitze versehen, meistens von 2 Centimeter Durchmesser, besetzt mit dicken, eine seichte Längsfurche tragenden, rautenförmigen, übereinandergreifenden Schuppen. Nach der Reife quillt das rothe Harz aus dem saftigen Endosperm zwischen diesen Schuppen heraus und lässt sich leicht abkratzen.

Ueber die Gewinnungsweise und die Sorten des Palmendrachenblutes verdanken wir Rumphius vorzügliche Beschreibungen [8]. Nach seinen Angaben werden aus einer und derselben Palme, Rottang Djernang, drei Sorten Harz gewonnen. Die Früchte werden in einem Sacke tüchtig durcheinander geschüttelt, bis die rothe Harzkruste abfällt. Die Schuppenreste werden möglichst genau mit einem Siebe beseitigt, und die so erhaltenen Harzpartikeln der Sonnenwärme ausgesetzt. Nachdem sie erweicht sind, formt man sie mit den Händen zu Kugeln oder Stäbchen und umwickelt sie mit Palmenblättern. In Sumatra dienen dazu Blätter von Licuala-Arten, besonders Licuala nana Bl. und L. elegans Bl. Schliesslich werden die Blätter mit Grashalmen oder mit aus der Rinde des Rottangpalmstammes geschnittenen Bändern zusammengebunden. Diese ist die beste und theuerste Sorte, welche zur Zeit von Rumphius in Indien selbst ziemlich theuer bezahlt wurde, da von derselben sehr wenig in den Handel gelangte. Die Reste der in angegebener Weise behandelten Früchte werden nun zu einem gröblichen Pulver gestossen und dieses durch heisse Wasserdämpfe erhitzt, bis das noch zurückgebliebene Harz sich an der Oberfläche sammelt. Hieraus werden viereckige, drei bis vier Finger breite Kuchen geformt. Diese bildeten schon zur Zeit, als Rumphius in Indien weilte, die zweite Sorte. Zuletzt schmilzt man alle Abfälle zu grossen Kuchen von nahezu einem Fuss Durchmesser und über einem Zoll Dicke, um die dritte, billigste Sorte zu erhalten.

Als Hauptausfuhrhäfen gab Rumphius Jambi und Palembang auf Sumatra, sowie Bandjer Massing in Borneo an.

Auch auf Java kam nach ihm die Rottangpalme im Distrikte Bantam vor.

Die Gewinnungsweise des Harzes ist heute noch ziemlich dieselbe. Das Drachenblut in Stangen, von den Drogisten Sanguis Draconis in baculis genannt, kommt in ungefähr 30 Centimeter langen und zwei Centimeter dicken Stangen von etwa 150 Gramm Rohgewicht in den Handel. Eine andere, neben dem Stangenharze die beste, Sorte kommt in unregelmässigen Kugeln von etwa drei bis vier Centimeter Durchmesser und gegen 20 Gramm schwer vor. Diese Kugeln sind mit Streifen von Palmenblättern kreuz und quer umwickelt. Die geringeren Sorten kommen jetzt als Kuchen oder unregelmässige Massen, Sanguis Draconis in massis, vor. Die ersteren trifft man in Grössen, welchen den Angaben von Rumphius entsprechen.

Nach Flückiger geht das Drachenblut aus Borneo über Bandjer Massing nach China und Batavia; von Sumatra ebenfalls nach Batavia oder Singapore, um von da nach Europa exportirt zu werden.

In Indien führt die Palme wie auch das Drachenblut recht zahlreiche Benennungen. Die Palme selbst heisst im Malajischen Rottang Djerenang (Dzerenan) oder Rottang Jernang, auch Rattan. Das Drachenblut heisst malajisch Djerenang, Djernang oder Jernang; in Macassar Jerenne, Dsjerenne oder Djerne[8]. In Bombay wird Drachenblut von beliebiger Herkunft, Heeradakhan, von den Hindus Heera-dukhi, von den Arabern Dam-ul-akhawein, Dam-ut-timni, Dam-u-thuaban, oder Kátir-ud-dam, von Persern Khun-i-siyawaschan genannt[87]. Nach Rumphius nennen oder nannten die Chinesen das Drachenblut Houg jec, d. i. Bluttropfen; die beste Sorte wurde aber mit Tsjou jec, feines oder theures Gummi, bezeichnet[8]. Nach Roxburgh wird es in Bengalen Bet oder Sanchi-bet genannt und heisst im Sanskrit Vetra, vetus[29].

Dracaena Draco L. und das Drachenblut der Canarischen Inseln.

(Tafel III und IV.)

Von allen, schon im geschichtlichen Abschnitte erwähnten Beschreibungen des merkwürdigen Drachenblutbaumes der Canarischen Inseln bietet diejenige Berthelot's das grösste Interesse [68]. Seine Schilderungen sind auf vieljährige Beobachtungen gegründet, da er auf Tenerife als Director des botanischen Gartens ansässig war, und verbreiten neues Licht über das Leben der Dracaenen. Berthelot unterscheidet drei Lebensperioden der Dracaena. In der ersten, der Jugend, ist der Stamm gerade, cylindrisch und ungetheilt, mit einer Blattkrone gekrönt. Von dem Anheftungspunkte der abgefallenen Blätter rühren eine Menge halbkreisförmiger Narben, am Umfange des Stammes, her, welche am Ende dieser Lebensperiode verwischt werden. Der Baum erreicht meistens seine volle Höhe, bevor er zu blühen anfängt. Dieses Stadium kann längere oder kürzere Zeit dauern. Der zweite Zeitabschnitt, das Alter der Reproduction, fängt an, wenn sich der Stamm mit einer lederartigen Rinde bedeckt.

Derselbe nimmt an Umfang zu und beginnt an seiner Spitze Blüthen und Früchte zu entwickeln. Hernach fallen die Rispen ab, junge Triebe erscheinen, welche bei ihrer Entwickelung die Grundzweige bilden. Dieser Lebensabschnitt dauert so lange der Baum kräftig wachsen kann. Die dritte Periode, die der Hinfälligkeit, wird charakterisirt durch das Dickerwerden der Rinde, die Bildung von Luftwurzeln, parasitischen Dracaenenpflänzchen und schliesslich eichelartiger Auswüchse. In dieser Periode blüht der Baum immer weiter, entwickelt sich auch, bis er mit Aesten und Zweigen überladen ist, und schliesslich als Opfer der Stürme fällt. So ging es auch dem berühmten Humboldt'schen Riesen bei Orotava am 21. Juli 1819; die Hälfte der gigantischen Krone wurde zerstört, der Baum lebte aber noch weiter, bis endlich ein Sturm in der Nacht vom 1. auf den 2. Januar 1868 den merkwürdigen Baum vollends zerstörte.

Die Luftwurzeln beschreibt Berthelot folgendermassen: Sie sind von einer Rinde bedeckt, welche sich leicht ablöst und beim Trocknen einen leeren Raum zwischen sich und dem Marke hinterlässt. Die Extremität ist immer mit einer convexen, röthlichen Schuppe bedeckt. Diese Productionen zeigen sich am Anfang der secundären Zweige oder auf den

Grundästen und theilen sich in zwei bis drei Glieder. Es ist sehr leicht, vor der Entstehung neuer Glieder den Punkt zu erkennen, von dem sie ausgehen, indem sich dort eine röthliche Schuppe bildet. Zuweilen krümmen sich diese Wurzeln gegen den Ast um, aber meist bleiben sie isolirt stehen, wie trockene Zweige. Hiergegen bemerkt Rauwenhoff, dass der Baum diese Luftwurzeln nicht erst im Alter entwickele. An einer 12 bis 15 Fuss hohen, kräftigen Pflanze, die einmal, im Leidener botanischen Garten, geblüht und sich in drei Aeste getheilt hatte, fand Rauwenhoff eine wenigstens drei Centimeter dicke und ein Centimeter lange Luftwurzel [88].

Die eichelartigen, braunrothen Auswüchse finden sich im Innern des Baumes. Sie sind von der Grösse einer Cocosnuss, mit hervorstehenden Spitzen, an dem Stamme mit kleinen Fäden befestigt. Die Erklärung dieser Erscheinungen konnte Berthelot jedoch nicht geben, da die von ihm längere Zeit hindurch beobachteten Auswüchse durch einen Sturm zerstört wurden.

Im Jugendzustande des Baumes quillt, nach Berthelot, das Harz hervor, reichlicher aus älteren Bäumen, besonders wenn diese angeschnitten werden; alternde Bäume geben nur wenig mehr. Diese Schwankungen erklärt Berthelot durch die Entwickelung des Stammes und der Hauptäste, welche letztere um diese Zeit hohl werden und ihr Mark verlieren.

Durch die lederartige Beschaffenheit der Rinde scheint der Austritt des Harzes verhindert zu werden. Damit stehen vielleicht die sonderbaren Auswüchse im Zusammenhange.

Im Allgemeinen bestätigen auch spätere Beobachter Berthelot's Bemerkungen, so z. B. Lemaire (1851)[89], und Schacht (1855)[90]. Wie schon oben von Boerhaave bemerkt wurde, waren Verschiedenheiten in der Stellung, Form und Grösse der Blätter der Dracaena Draco wahrgenommen worden, daher die von verschiedenen Botanikern gegebenen Beschreibungen nicht übereinstimmen. 1843 unternahm Hayne eine genaue Untersuchung dieser Fragen und stellte drei Formen der Dracaena Draco L. auf[91]. Diese waren α strictifolia, β laxifolia, γ pendulifolia. Zu den ersten brachte er die Abbildungen von Clusius, Blackwell und Vandelli; zu β laxifolia eine Figur von Crantz und Behrens; zu den dritten, γ pendulifolia, eine andere Abbildung von Crantz und jenen von Boerhaave beschriebenen Baum.

Der Director des botanischen Gartens in Neapel, Tenore, unterschied zwei Species: **Dracaena Draco,** wohin er die von Hayne aufgestellte α strictifolia rechnete, und eine andere, welche er **Dracaena Boerhaavii** nannte[92]. Unter diesen sind β laxifolia und γ pendulifolia Hayne's, sowie eine vierte von Römer und Schultes aufgestellte Varietät, δ angustifolia, begriffen. Göppert stimmte später, 1854, mit Tenore überein und gab ausser Abbildungen auch Diagnosen[69] der beiden Species Tenore's.

Die letzte Diagnose der Dracaena Draco L. gibt Baker 1874[93]:

Dracaena Draco. Linn., Syst., 275; Lam., Encycl., II, 323; Thunb. et Dallm., Diss., 3; Hayne, Arzneigew., II, t. 2; Schult., Syst., VII, 237; Kunth, Enum. V, 3; Webb et Berthelot, Phyt. Can., III, 30; Bot. Mag., t. 4571; Flore des Serres, t. 613; Lemaire, Jard. fleur. t. 124; Gaud, Atl. Bonite, t. 1; Asparagus ?; Draco, Linné sp., 451.

Truncus arboreus altitudine (arbor notabilis Orotavae) 60 ped. et crassitie 15 ped. attingens, apice copiose ramosus. Folia vidi (hort. Cant.) 1500—2000 in coma densa 6–8 pedali, sessilia ensiformia omnia stricta vel exteriora recurvata 1½ pedalia medio 15—20 lata supra basin deltoideam vix angustata, ad apicem longe attenuata firma glauco-viridia distincte multinervata ecostata margine concoloria. Panicula terminalis deltoidea 1—2 pedalis ramis et ramulis divaricatis, racemis 6—12 poll. longis. Pedicelli 3—6 — ni 3—4 lin. longi medio articulati. Bracteae minutae lanceolatae. Perianthium viridulum 4 lin. longum, laciniis tubo campanulatis 4plo longioribus. Antherae oblongae filamentis applanatis 3—4 plo breviores. Bacca aurantiaca, si monosperma magnitudine cerasi.

Insulae Canarienses.

Der mikroskopische Bau der Dracaena Draco L. ist vielfach untersucht worden, und zwar sind hier zwei Forscher zu nennen, Rauwenhoff[88] (1864) und Wossidlo[85] (1868), da ihre Arbeiten uns über den Sitz des Drachenblutes in dem lebenden Baume belehren. Mit Rauwenhoff übereinstimmend gibt Wossidlo als Sitz des Harzes die zartwandigen, polyëdrischen Parenchymzellen der grünen Rindenschicht an.

Christ[94] beobachtete auf Tenerife im Garten des Herrn Gabriel Hernandez del Castillo, bei dem Städtchen Icod de los Vinos, den grössten der gegenwärtig vorhandenen Drachenbäume der Canarischen Inseln. Derselbe ist vollkommen gesund, misst in 2,8 Meter Höhe 11,70 Meter Umfang, die Höhe beträgt etwa 20 Meter. Die Rinde ist dünn, hellgrau, fast ohne Borkenbildung. Zwischen der Epidermis und dem Splint steckte an einzelnen Stellen, wo sich eine Rindenspalte oder Wunde gebildet, ein wenig schwarzrothes Harz. (S. Tafel III.)

Dem alten Riesen in Orotava waren, z. B. von Humboldt, Jahrhunderte zugetheilt worden. Christ nimmt jedoch ein rascheres Wachsthum der Dracaenen an und vermuthet, dass die berühmten Stämme der Villa, der Terrasse von Realejo el Alto und von Icod weniger alt seien als Humboldt glaubte. Nicht nur ist das Holzgewebe locker und weich, sondern die Jahreszunahme des Baumes von Icod ist so beträchtlich, dass ein rasches Dickenwachsthum dieses Baumes unabweisbar ist. Schacht mass im Jahre 1857 den Baum von Icod und fand in 8 Fuss Höhe 9,5 Meter. Christ leitet hieraus eine Zunahme des Umfanges von 2,2 Meter in 27 Jahren ab. Seinen anziehenden Schilderungen sind auch Abbildungen des Baumes in verschiedenen Altersperioden beigegeben.

Dr. Christ sah 1885 auch im botanischen Garten in Cadiz im Freien einen alten Drachenbaum, der schon öfters geblüht hatte. Er ist 10 Meter hoch, der Stamm $^1/_8$ Meter im Durchmesser und trägt eine Krone von wenigstens 50 Blattrosetten.

Auch in Portugal in der Ortschaft Ajuda wächst eine Dracaena Draco L., deren Alter auf 120—150 Jahre geschätzt wird. Sie ist 6 Meter hoch, hat 36 Meter Kronen- und 4,65 Meter Stamm-Umfang und liefert jährlich etwa 13 Liter Samen [95].

Dracaena schizantha Baker und das Drachenblut der Somaliküste.

Der Drachenblutbaum des Somalilandes ist die von Hildebrandt im Jahre 1877 in Yafir, dem Sattel des Ahl-Gebirges, in einer Höhe von 6704 Fuss über dem Meeresspiegel im Gebiete der Wer-Singelli entdeckte und von Baker beschriebene **Dracaena schizantha.** Hildebrandt sandte einige Blüthenstände derselben nach dem botanischen Garten in Kew.

Der Baum erhebt seinen mannsdicken Stamm aus den Rissen des Gesteins und verzweigt sich, nachdem er eine Höhe von etwa 3 Meter erreicht hat, mehrfach dichotom und bildet eine Krone von 8—10 Meter. Die grau bereiften, dolchförmigen Blätter mit starrer Spitze stehen in Büscheln an den Enden der armsdicken Aeste. Die grossen gipfelständigen Rispen kleiner milchweisser Blüthen, welche dicht zusammengehäuft sind, vermehren den phantastischen Anblick des Baumes. Lichte Haine desselben bedecken die Abhänge der Kalksteingebirge. Das nach zufälligen Verletzungen aus Stamm und Aeste ausfliessende helle Harz wird seines nicht unangenehmen säuerlichen Geschmackes wegen von den Somalen gelegentlich verspeist. Aus den Blattfasern werden Stricke bereitet, ausgehöhlte Stamm- und Aststücke dienen als Gefässe.

Baker's Diagnose [96] des Baumes lautet:

Dracaena schizantha, Baker n. sp. Arbor 8-metralis, dichotomiter ramosa. Folia ignota. Panicula deltoidea sesquipedalis copiose tripinnata, ramis crassis patulis pallidis puberulis, pedicellis 1 lin. longis puberulis medio articulatis 2—4 natis vel superioribus interdum dense congestis bracteis minutis deltoideis.

Perianthum album 2½ lin. longum, tubo brevi campanulato, segmentis lanceolatis. Genitalia inclusa. Filamenta lanceolata 1½ lin. longa, antheris oblongis. Ovarium oblongum; stylus ovario aequilongus, stigmate capitato.

Hab., Somali-Land, alt. 2500—5000 ped., No. 1472; Moli, incolarum [110].

Eine von Hildebrandt an den nördlichen abessinischen Bergabhängen gefundene Dracaena-Art scheint weder mit dieser jetzt besprochenen identisch zu sein, noch mit Dracaena Ombet [97].

Gelegentlich eines Vortrages in einer Sitzung der Gesellschaft naturforschender Freunde zu Berlin 1878 legte Hildebrandt Drachenblut, welches er der Dracaena schizantha selbst entnommen, vor.

Mit einer sehr kleinen Probe dieses Harzes erhielt Professor Flückiger im December 1878 von Hildebrandt auch eine 1875 von diesem im Gebirge Ahl oder Serrut bei Meid im nördlichen Somalilande aufgenommene Photographie einer Waldpartie, aus welcher Dracaena schizantha phantastisch aufragt. Leider eignet sich dieses kleine Bild nicht gut zur Wiedergabe an dieser Stelle.

Der Baum wird von den Somalen Môli und das Harz Hânja Môli genannt. In Zanzibar heisst das Drachenblut maziwa ya watu wawíli, Milch der zwei Männer, oder mátcho ya watu wawíli, Augen der zwei Männer. Es wird bei Augenleiden angewendet.

Auch Vaughan erwähnt 1853 das Vorkommen eines Drachenblutes im Somalilande, bemerkt aber, dass dessen Ausfuhr sehr gering sei [82].

Dracaena Ombet Kotschy et Peyritsch.

(Tafel V.)

Dracaena Ombet wurde 1864 von Theodor von Heuglin, welcher sich der Expedition der Holländerin Fräulein Tinne nach den Quellen des Flusses Bachr-el-Ghazal in Nubien anschloss, entdeckt. Die hier angehängte Abbildung, sowie die etwas mangelhafte Beschreibung des Baumes von Kotschy und Peyritsch ist den Aufzeichnungen von Heuglin's entnommen[98].

Ausführlichere Beschreibungen stammen erst von Heuglin und Schweinfurth her. Ersterer fand diesen Baum in den Gebirgen in der Nähe von Suakim. Die Bäume gedeihen in einer Höhe von 2500—4000 Fuss über dem Meeresspiegel auf Granitgestein.

Kotschy und Peyritsch nannten denselben Dracaena Ombet, weil er bei den Hadendoa und Bischarin T'Ombet oder To Omba, d. i. «Mutter der Erde», heisst. Jene Forscher beschrieben diese Art in folgender, etwas unvollständiger Weise[98]:

«Truncus 7—8 pedalis, bis dichotome ramosus, ramis crassis brevibus plus minus horizontalibus, interdum denuo bifurcis, apice foliorum fasciculo superbo coronatis: cortice laevi foliorum vaginis destituto dilute fusco, speciminum adultorum longitudinaliter et transverse rimoso, juvenilium laeviore et pallidiore. Succus trunco inciso non emanat. Folia in apice ramulorum conferta $1\frac{1}{2}$—$1\frac{1}{3}$ pedalia, ensiformia, obtusa, apice fere triquetra, supra vix canaliculata, subtus convexa, crassiuscula. Inflorescentia tripedalis; pedunculo patentissimo vel apice declinato; pedicellis fructiferis pluripollinaribus*) racematim vel paniculatim dispositis, laxis. Flores verisimiliter lutei. Fructus flavescentes edules.»

Dieser etwas kurzen Beschreibung stehen Schweinfurth's Berichte[99] vortheilhaft gegenüber. Als er im Jahre 1868 dieselben Gegenden bereiste, beobachtete er Dracaena Ombet im Hochlande zwischen Singat und Suakim, 10 Stunden vom letzteren Hafen entfernt, in etwa 2000 Fuss Höhe. Nach Schweinfurth kommt Dracaena Ombet nur auf diesem Punkte, und zwar in ganz geringer Menge, vor.

---

*) Wohl ein Druckfehler, soll wohl pluripollicaribus heissen.

Als gewöhnliche Dimensionen dieses Baumes gibt dieser Forscher 12—15 Fuss Höhe. Der mannsdicke Stamm ist 2—3 Fuss hoch. Die Krone, deren Umfang der Höhe des Baumes gleichkommt, wird gebildet durch auf kurzen Aesten sitzende, zusammengedrängte Blattrosetten. Die Blätter, welche nie länger als 2 Fuss, und 1 Zoll oder wenig darüber breit werden, sind sehr fest lederartig, nicht allzu dick, auf beiden Seiten glatt. An den Rändern sind sie mit hornartig durchschimmernden Schneiden versehen. Etwas seitlich verbogen, sind die Blätter oft zu einer halben Spirale gewunden. Von der halbstengelumfassenden, plötzlich erweiterten, mehr oder weniger rothen Basis, welche immer mit röthlichen Ausschwitzungen versehen ist, verschmälert sich das Blatt gegen die Spitze allmählich. Nahe an der letzteren nimmt der Mittelnerv auf der Rückseite eine kielförmige Anschwellung an, wodurch die Spitze des Blattes dreikantig erscheint. Blüthen hat Schweinfurth nicht angetroffen, doch zeigten die Blüthenäste alle Merkmale derjenigen von Dracaena Draco L. Die Blüthenstielchen entspringen zu 3—4 polsterartigen Verdickungen der Seitenäste der dreimal getheilten, 2—3 Fuss langen Rispe. Die Axe des Blüthenstandes ist vom ersten Drittel an sparrig getheilt. Die Asttheile sind mehr oder weniger stielrund. Schweinfurth berechnet die Lebensdauer dieses Baumes auf durchschnittlich 60 Jahre.

Dracaena Ombet gleicht in ihrem Blüthenstande am meisten der canarischen Dracaena Draco L.; erstere wird durch die Riesengrösse und die lange Lebensdauer der letzteren weit übertroffen.

Die Rinde älterer Stammtheile der Dracaena Ombet löst sich plattenartig ab. Das Holz ist weiss, der Saft geschmacklos. Die Blüthen werden im Juni und Juli von den Eingeborenen fleissig zur Fütterung der Kameele eingesammelt; den Ziegen soll der Genuss der Ombet-Blüthen tödtlich sein. Die Blätter liefern Bast zu Stricken.

Schon in der Beschreibung von Kotschy und Peyritsch wird betont, dass aus dem verwundeten Stamme kein Harz hervorquillt; auch Schweinfurth erwähnt dessen nicht ganz bestimmt (siehe S. 42), überhaupt wird nirgends eigentlich eines Harzes der nubischen Dracaena gedacht.

Balfour hat 1880 gezeigt, dass Socotra eine eigene Dracaena ausschliesslich besitzt [85], dagegen scheint die in Hadhramaut vorkommende Art Dracaena Ombet zu sein. Ueber diese berichtete Niebuhr [100], indem er anführt, dass Drachenblut neben Aloë, Weihrauch, Myrrhe von dort nach Indien ausgeführt werde. Bestimmter spricht sich Wellsted 1834 aus. Unter den Hauptproducten der 3000 bis 5000 Fuss hohen Bergkette zwischen Aden und Shehr nennt er Drachenblut, welches einige Meilen östlich von Shougree in gleicher Weise wie in Socotra gewonnen werde [100 (XII, 3, p. 615)]. Auch Smith und Haines, welche die Bergkette Subáhn bereisten, beobachteten, ausser anderen der Flora Socotras ähnlichen Pflanzen, eine Menge Drachenbaüme [100 (XII, 3, p. 651)].

Eine nähere Beschreibung des arabischen Baumes findet sich erst bei Adolf von Wrede [84]. In dem trockenen Flussbette des Wâdiy Ma'ysche in der Hochebene beobachtete er in einem Dickicht von Mimosen, Tamarisken, Dumpalmen, Sennesstauden etc. Bäume oder Sträucher, welche er für Pterocarpus oder Dracaena Draco hielt. Nach seinen Schilderungen war das grösste Exemplar gegen 16 Fuss hoch. Der gerade Stamm hatte 1½ Fuss Durchmesser und war mit einer glänzend bleifarbigen Rinde bedeckt, ebenso die Zweige, welche auf der halben Höhe des Stammes begannen, sehr verschlungen waren und in sehr dünne Spitzen ausliefen. Die schwertförmigen, lederartigen und glänzend grünen Blätter schildert Wrede als rechtwinklig abstehend und eine umgekehrt kegelförmige Krone darstellend.

Das beim Abbrechen der Zweige reichlich hervorquellende Harz war weiss, verdickte sich aber allmählich und nahm rothe Farbe an. Es wurde in der Mitte Mai gesammelt und unter dem arabischen Namen Dun Qobayl in den Handel gebracht. Die Beduinen nannten dasselbe Edh Dhahâ (von Dhahâ = ausschwitzen).

Es bleibt nun durch sorgfältige Beobachtungen nachzuweisen, ob diese südost-arabische Art wirklich Dracaena Ombet ist, was ein wenig unwahrscheinlich klingt. Sagt doch Schweinfurth, der hervorragende Kenner der afrikanischen Flora, dass Dracaena Ombet nur an dem wenige Quadratmeilen messenden Standorte bei Suakim vorkomme. Auch passen von Wrede's und Wellsted's Schilderungen des Harzes und seiner Gewinnung keineswegs auf Dracaena Ombet, welche ja, wie oben, Seite 42 gezeigt, kein Harz gibt. Es ist nicht unwahrscheinlich, dass die Drachenbäume von Hadhramaut mit jenen von Socotra übereinstimmen; die Flora der arabischen Küstenländer hat ja viele Aehnlichkeit mit derjenigen Socotras.

Anfangs hatte der Liliaceen-Kenner Baker in Kew nach den Beschreibungen und Blattproben von Kotschy und Peyritsch die südost-arabische Dracaena nicht als eine eigene Species anzuerkennen vermocht, sondern für Dracaena Draco L. gehalten [93]. Hierüber sagt er: «e montibus Indiae et verisimiliter Socratae insulae incola ex datis notis non potui segregare». Die von Schweinfurth später übersandten Blüthenrispen führten jedoch Balfour zu der Ansicht, dass die arabische Art eine eigene Species darstelle [85].

Dracaena Cinnabari Balfour fil. und das Drachenblut der Insel Socotra.

(Tafel VI, VII, VIII.)

Durch J. Bailey Balfour's ausführliche Berichte sind wir über die Stammpflanze des socotranischen Drachenblutes und dessen Gewinnungsweisse unterrichtet. Seiner interessanten Abhandlung [85] entnehme ich die nachstehende Schilderung.

Dracaena Cinnabari bildet meist einen kleinen Baum, welcher jedoch zuweilen eine Höhe von 30 Fuss erreicht. Sein Stamm kann recht beträchtliche Dimensionen aufweisen, so ergaben Balfour's Messungen in den Haghier-Bergen, in der Nähe der Adona-Schlucht, 4000 Fuss über dem Meere, bei einem jener Bäume fünf Fuss drei Zoll Umfang in zwei Fuss Höhe*).

Bei Homhill in dem östlichen Theile der Insel, in einer Höhe von 1100 Fuss, fand Balfour ein Exemplar, welches bei drei Fuss Höhe über den Boden neun Fuss in Umfang mass. Die Spannweite der Aeste betrug 29 Fuss und sechs Zoll. Der Baum wächst ausschliesslich in den höher gelegenen Regionen der Insel, nie tiefer als 1000 Fuss, und bildet dabei kleine Gehölze. Er ist reich verzweigt und bildet, wenn er völlig ausgewachsen ist, eine domförmige Krone, welche die so charakteristische Gestalt des Pandanus nachahmt. Im Gegensatze zu Hunter's Angaben fand Balfour auf Socotra nur eine einzige Species. Der junge Baum hat viel längere (sogar drei Mal, nach Schweinfurth), bis über zwei Fuss lange, und breitere Blätter als die älteren, bei denen ausserdem die Inflorescenzen kürzer und dichter sind. Der Stamm ist in der Mitte seines Verlaufes ringsum gleichmässig angeschwollen, was nach Schweinfurth's Angabe für Dracaena Cinnabari in jüngeren Jahren bezeichnend ist.

Die von Balfour angegebene Diagnose des Baumes lautet:

«**Dracaena Cinnabari** Balfour fil. Arbor 25 pedalis trunco crassitiem 3 ped. attingente apice copiose ramoso; foliis 1—2 ped. longis 1—1 1/4 poll. latis 1/4—1/2 poll. crassis sessilibus in apicem ramorum validorum confertis patenti-erectis firmis sed in juvenilibus saepe subrecurvis basi amplexicaulibus ad similitudinem piscis caudae expansis ibique 4 poll. latis rubescentibus, versus apicem gradatim attenuatis, supra concavis infra jugo medio prominulo convexo extremitate trigonis obtusae punctatis, ecostatis, glauco-viridibus

*) Wahrscheinlich ist es derselbe Baum, über welchen mir Dr. Schweinfurth briefliche Mittheilungen (am 11. September 1886) machte; seine Krone ist sehr dicht und sieht wie geschoren aus. Der Güte Dr. Schweinfurth's verdanke ich eine Abbildung dieses Baumes, sowie solche einer jungen und mittleren Form. Diese drei Abbildungen habe ich hier auf den Tafeln VI, VII und VIII wiedergegeben.

margine concoloribus; paniculis glabris pseudo-terminalibus multiramosis 1—2 1/2 ped. longis, ramis ramulisque divaricatis strictis, antepenultimis 9—12 poll. longis, penultimis contractis 2—4 poll. floris, pedicellis validis 1/6 poll. longis supra medium articulatis; bracteolis membranaceis longis acuminatis; perianthio sordido 1/4 poll. longo, segmentis oblongis vix connatis, apice uncinatis; genitalibus inclusis, filamentis subulatis antheris oblongis duplo-longioribus; ovario oblongo stylum aequanti, stigmate trilobato, baccis aurantiacis 1/2 poll. diam. nitidis.

Nom. vern. Arboris: Kharya; Resinae draconis Edah.

Socotra, per insulam totam in montibus ultra 100 ped. alt. crescens. B. C. S. No. 80. Schweinfurth No. 550. Perry».

Das Harz schwitzt durch Risse in dem Stamme aus, welche durch die Sammler gelegentlich vergrössert werden. Der Ertrag an Harz ist verschieden je nach der Lage dieser Risse. Die Art und Weise des Einsammelns ist sehr einfach: gegen den Stamm wird ein ungefähr einen Fuss im Quadrat messendes Stück Ziegenleder gehalten, auf welches der Sammler das Harz mit einem Messer abkratzt. Es gibt von demselben drei Sorten. Die beste, aus grossen, zuweilen einen Zoll messenden Thränen bestehende Sorte wird Edah amsello (Wellsted's «moselle») genannt; 2 1/2 Pfund kosten ein Dollar (oder vielmehr 1 Maria-Theresia-Thaler). — Von der zweiten, billigeren, aus kleinen, beim Abkratzen abspringenden Stückchen bestehenden Sorte: Edah dukkah, welche wie ein dunkelrothes, grobes Pulver aussieht, bekommt man vier Pfund für einen Dollar. Die billigste Sorte, Edah Mukdehah, ist sehr unrein und bildet kleine flache Stückchen, welche durch Zusammenschmelzen der Abfälle erhalten werden; fünf Pfund derselben kosten ein Dollar.

Die Einsammlung geschieht auf Socotra unmittelbar nach der Regenperiode, und da die Insel merkwürdigerweise eine vollkommene Sommer- und Winter-Regenzeit hat[101], werden zwei Ernten in einem Jahre gemacht. Das Product wird sofort durch die sogenannten Baggalas nach dem als Karawanenstation bekannten, in Hadhramaut gelegenen Hafen Makallah, sowie nach Aden, auch nach Mascat gebracht. Diese Baggalas, Transportschiffe, kommen jährlich im Februar vom persischen Meerbusen, berühren alle grösseren Städte an der arabischen Küste und die Insel Socotra, indem sie bis nach Zanzibar gehen, um im Mai wieder Aden zu erreichen. Von hier wird das Harz über Bombay hauptsächlich nach China gebracht, um in der Kunsttechnik Verwendung zu finden. Zuweilen erreicht es auch Europa.

Von der Ausfuhr erhebt der Herrscher von Socotra eine Abgabe, wie Wellsted berichtet. Ausserdem gehören ihm gewisse Bestände der Dracaena.

Die Eingeborenen nennen den Baum Kharya, das Harz Edah, bei den Arabern heisst das letztere Dum-Khoheil, Dum-ul-akhawein, auch Kätir. Wie einst vor Jahrhunderten, unterliegt das Harz auch heutzutage Verfälschungen, und zwar soll es in Bombay mit gewöhnlichem Drachenblut vermischt werden.

Aus dem botanischen Garten in Kew wurden 1883 junge Exemplare der canarischen Dracaena Draco L., sowie auch 50 Stück der Dracaena Cinnabari nach Jamaica geschickt, um sie dort anzusiedeln[102].

Balfour schildert in Kürze die vier bis jetzt am genauesten bekannten Drachenblutbäume, wie folgt: Die nubische Art, Dracaena Ombet, unterscheidet sich von den socotranischen durch ihren weniger kräftigen Wuchs, durch die kürzeren Verzweigungen der Rispe, ihre längeren Blüthenstiele, ihre nicht zugespitzten Deckblätter, durch das zartere Perigon, das gewöhnlich gestielte Ovarium; Dracaena schizantha aus dem Somalilande durch ihre flaumige Rispe. Dracaena Draco L. der Canarischen Inseln zeichnet sich aus durch zusammengedrückte, schwertförmige Blätter, durch kleinere Deckblätter, durch ihr grünliches Perigon, dessen Lappen an der Spitze nicht gekrümmt sind. Im Verhältnis zu den Staubfäden sind die Antheren kürzer, das Ovarium gewöhnlich gestielt und die Narbe kopfförmig.

Chemie des Drachenblutes.

Übersicht der untersuchten Sorten.

Die Harze, welche man als das Drachenblut bezeichnet, sind dunkelrothe, amorphe, spröde, undurchsichtige Massen. In Wasser nicht löslich, werden diese Harze von Chloroform, Schwefelkohlenstoff, Aether, ätherischen Oelen u. a. m. mehr oder weniger reichlich aufgenommen. Die Schmelzpunkte der verschiedenen Sorten liegen zwischen 60 und 123°. Das Drachenblut ist kein einheitlicher Körper, sondern ein Gemisch von mehreren, schwer zu trennenden Verbindungen.

Ueber den chemischen Charakter wusste man noch vor Kurzem wenig, und bis heute sind nur zwei Sorten untersucht worden, nämlich das ostindische Palmenharz durch eine Reihe von Forschern, und das aus Socotra von Dracaena Cinnabari Balfour fil. stammende, dessen chemische Untersuchung den letzten Theil der vorliegenden Schrift bildet.

Man muss zunächst das Drachenblut der Palmen und dasjenige der Dracaenen auseinanderhalten, wie zuerst von Flückiger gezeigt worden ist, indem er ein Verfahren zur Unterscheidung dieser zwei Gruppen folgendermassen angab[86]:

Beim Schütteln des sumatranischen und socotranischen Drachenblutes mit Soda und Weingeist wird das Filtrat bei dem ersteren carminroth, bei dem letzteren braunroth; nach weiterer Verdünnung mit Weingeist bleibt ersteres Filtrat gleich, das des Palmenharzes wird mehr rothgelb. Kocht man das socotranische Drachenblut mit Kalkmilch, so erhält man eine dunkelbraune Lösung, aus welcher durch Kohlensäure ziemlich viel graubraunes Harz ausgeschieden wird. Bei gleicher Behandlung des Palmenharzes ist das Filtrat schön zinnoberroth und liefert einen geringen, zinnoberrothen Absatz. Zieht man aber die so gewonnenen Harzreste mit Weingeist aus, so ist das Filtrat des socotranischen Harzes carminroth, dasjenige des Palmenharzes braunroth. Werden Proben der Harze mit Sodalösung (1 Theil Soda, 2 Theile Wasser) einen Tag lang digerirt, so gibt das socotranische Harz ein weit dunkler braun gefärbtes Filtrat, als das Palmenharz. Setzt man nun vorsichtig verdünnte Salzsäure hinzu, so fällt aus der ersteren Lösung Anfangs ein rein gelber Farbstoff, dann rothes Harz heraus, während die entsprechende Lösung des Palmenharzes nur braune Flocken liefert. Werden weiterhin die beiden Sodalösungen eingetrocknet und die Rückstände mit Weingeist ausgezogen, so erhält man von dem socotranischen Harze eine rein gelbe, vom indischen Drachenblute eine rothe Flüssigkeit.

Eine Anzahl Drachenblutsorten (mit Ausnahme derjenigen afrikanischen, welche erst vor einigen Jahren bekannt geworden sind) haben Dobbie und Henderson 1883 verglichen.

Sie untersuchten nicht weniger als 24 verschiedene Sorten, dem Museum in Kew, der Sammlung der Pharmaceutical Society in London, sowie der Warrington'schen Collection entnommen. Aber nur von wenigen Proben war die Abstammung und Reinheit mit Sicherheit bekannt. Die Hauptsorte bildete das indische Palmen-Drachenblut. Dracaenenharz war nur durch zwei Proben vertreten, die eine von Dracaena Draco L. aus Madeira, die andere von Dracaena Cinnabari Balfour fil. Dobbie und Henderson berücksichtigten ferner das «Drachenblut» der brasilianischen Euphorbiacee Croton erythrina.

Alle Sorten mit Ausnahme der letztgenannten, waren in Alkohol, Aether, Nelkenöl und Eisessig löslich. Nach dem

Verhalten zu Lösungsmitteln, z. B. Chloroform, Schwefelkohlenstoff und Benzol, liessen sich vier Classen aufstellen. Zur ersten Classe gehören die in diesen drei Flüssigkeiten löslichen Proben, nämlich zwei Sorten aus Sumatra, eine aus Singapore und eine unbekannte, wahrscheinlich als Palmenharz zu bezeichnende Sorte. Die zweite Classe umfasste sechs, in Chloroform lösliche, aber in Schwefelkohlenstoff und Benzol unlösliche Sorten, wovon eine aus den holländischen Besitzungen in Indien, zwei aus Pontianac, im Westen Borneos, die übrigen aus Britisch-Indien, sämmtlich wohl von Palmen gewonnen. Die dritte Classe umfasste ebenfalls sechs Sorten, welche in Chloroform und Benzol, weniger in Schwefelkohlenstoff löslich waren, nämlich eine aus Sumatra, die anderen aus Hinter-Indien, daher wohl ebenfalls Palmenharze. Der vierten Classe gehören acht Sorten an, welche alle in Chloroform, Schwefelkohlenstoff und Benzol unlöslich sind. Eine Sorte stammte von Dracaena Draco L. aus Madeira, eine von Dracaena Cinnabari Balfour fil. aus Socotra, die übrigen sind als Palmenharze und als aus Bombay, Punjab etc. bezogen bezeichnet. Nach dem chemischen Verhalten scheinen diese letzteren jedoch afrikanischen Ursprunges zu sein, denn sie zeigen eine allzu grosse Aehnlichkeit mit dem Dracaenenharze, um als Palmenharz bezeichnet werden zu können, was übrigens Dobbie und Henderson als möglich zugeben.

Das mit Aether sorgfältig gereinigte, gepulverte Harz war bei der 1. und 3. Classe dunkel ziegelroth, bei 2. blassroth, bei 4. zinnoberroth. Erhitzt schmolzen die Harze von 1. und 3. bei ungefähr 80° und gaben bei höherer Temperatur stark reizende, rothe Dämpfe; diejenigen der 2. Classe schmolzen bei 100° und entwickelten milde aromatische Dämpfe, die Harze der 4. Classe erweichten schon bei 60° und entwickelten bei höherer Temperatur aromatische, stechende Dämpfe. Die weingeistige Lösung wurde bei 1. und 3. durch neutrales Bleiacetat braunroth, bei 2. blassroth und bei 4. hochroth gefällt. In allen Fällen war der Niederschlag im Ueberschuss von Alkohol löslich, aber in siedendem Wasser, Aether, Schwefelkohlenstoff, Benzol und Chloroform unlöslich.

Sorgfältig gereinigtes Harz fanden Dobbie und Henderson in der 1. und 4. Classe der Formel $C_{18}H_{18}O_4$ entsprechend, bei 2. nach der Formel $C_{17}H_{18}O_5$ zusammengesetzt. In keinem Harze konnte Benzoësäure nachgewiesen werden, dagegen bei 1. und 3. Zimmtsäure, nicht aber bei 2. und 4.

1877 hatte auch Hirschsohn 18 Proben von Drachenblut verglichen [104]. Alle scheinen als Palmenharz bezeichnet werden zu müssen; da ihre Abstammung jedoch nicht feststand, so fällt diese Arbeit ausser Betracht.

Eine Probe Drachenblut von Bombay, angeblich von Pterocarpus Draco aus Socotra (wo diese Pflanze nicht vorkommt), wurde von Wiesner erwähnt [105]. Er fand darin mit Hülfe des Mikroskopes Krystalle von Calciumoxalat und Benzoësäure. Letzteres wenigstens halte ich für zweifelhaft, da es mir nicht gelungen ist, Krystalle von Benzoësäure in dieser Weise in irgend einem Drachenblute aufzufinden.

Dann und wann erleiden wohl auch die Drachenblutsorten Verfälschungen. Bis jetzt sind solche meist an dem Palmenharze vorgekommen, zuweilen recht grober Art; schon Rumphius gab an, dass man in Indien Wachs dazu schmelze. Pomet spricht, wie oben angeführt, gleichfalls von Verfälschungen [15]. Nach neueren Mittheilungen wird Dammarharz sehr viel zu diesem Zwecke angewendet, auch wohl Colophonium. Man kann durch Auflösen des verdächtigen Harzes in Alkohol und Wägen des Rückstandes, sowie durch Vergleichung der Farbe des auf Papier hervorgerufenen Striches einigermassen die Güte der Waare beurtheilen. Zur Unterscheidung der drei hier erörterten Drachenblutsorten geben die in der alkoholischen Lösung durch Bleiacetat hervorgerufenen Fällungen einen guten Anhaltspunkt, da dieselben recht charakteristisch und leicht zu unterscheiden sind. Bei einem von H. Zollinger 1857 an Professor Flückiger gesandten authentischen, dunkelgefärbten Palmenharze aus Palembang (Sumatra) gibt Bleiacetat eine Fällung, welche im feuchten Zustande der auf der angehängten Farbentafel angegebenen Farbenprobe No. 4 genau entspricht. Die gewöhnlichen im Handel vorkommenden Palmenharze geben aber immer einen heller, reiner roth oder gelbroth gefärbten Niederschlag. Die bei jeder Sorte angegebene Farbenprobe entspricht den Bleiverbindungen in feuchtem Zustande.

Chemie des Palmen-Drachenblutes.

Je nach der Qualität zeigt dieses Harz verschiedene Farbe, die besseren Sorten eine sehr tiefrothe. Solche Stücke enthalten nur wenige Pflanzenreste, während die geringeren Sorten heller roth sind und allerlei Beimischungen zeigen. Alle Sorten erscheinen undurchsichtig, unter dem Mikroskope aber sind die Splitterchen der besseren Sorten durchsichtig und deutlicher roth, bei den geringeren mehr bräunlich gefärbt.

An der Oberfläche ist das Drachenblut schwärzlich braunroth, der Bruch tief roth bei den besseren, dunkel ziegelroth bei den geringeren Sorten.

Der Geschmack des reinen Harzes ist beim Kauen süsslich und kratzend. Der Schmelzpunkt wechselt von etwa 80° an bis 120°; in siedendem Wasser erweicht das Harz. Die Auflösung einer guten Sorte in Alkohol oder Alkalien hinterlässt 9 % Rückstand, hauptsächlich aus Geweberesten und Sand bestehend; indessen ist ein Rückstand von 20 % nichts Seltenes.

Das Palmenharz ist leicht löslich in Aethyl-, Amyl- und Methylalkohol, Benzol, Eisessig, Schwefelkohlenstoff, einigen ätherischen (sauerstoffhaltigen) Oelen und Alkalien, weniger aber in Aether. Unlöslich dagegen in Petroleum (Siedep. 60°) und in Terpentinöl. Aus seinen Lösungen in Alkalien wird das Harz durch Säuren mit hell gelb-brauner bis schmutzigbrauner Farbe amorph gefällt; doch zeigt der Niederschlag nach dem Trocknen wieder die ursprüngliche Farbe. Von Salzsäure (spec. Gew. 1,12) wird das Harz sehr wenig und mit braungelber Farbe aufgenommen, durch Ammoniak wieder ausgefällt; concentrirte Schwefelsäure löst das Harz mit dunkelbrauner Farbe auf.

Beim Erhitzen entwickelt dieses Drachenblut gelbbraune, heftig reizende Dämpfe. Bei sorgfältiger Einäscherung hinterlässt es sehr schwankende Mengen Asche, — natürlich von der Reinheit abhängig, — von etwa 6 % bei guten Sorten an.

Die Chemie des Palmen-Drachenblutes ist ziemlich ausführlich erörtert worden. Im Jahre 1828 glaubte Melandri ein Alkaloid darin gefunden zu haben, welches er Dracin nannte [106].

Diese Angabe berichtigte Herberger 1831, indem er fand, dass das Dracin, wie Tannin, eine sehr schwache Säure war. Herberger verdanken wir auch die erste Analyse des Harzes, welche folgende Zahlen ergab:

Fette Substanz	2,00
Oxalsaures Calcium	1,60
Phosphat	3,70
Benzoësäure	3,00
Draconin	90,70
	100,00.

Unter Draconin verstand er das reine Harz [107].

Johnston leitete 1839 aus seiner Elementaranalyse für das Drachenblut die Formel $C_{20}H_{20}O_4$ ab [108]. 1883 stellten Dobbie und Henderson die Formel $C_{18}H_{18}O_4$ auf (Seite 52 oben).

Durch Oxydation des Drachenblutes mit Salpetersäure erhielt Blumenau (1848) Oxalsäure, Pikrinsäure, Benzoësäure und Meta-Nitrobenzoësäure [109]. Die trockene Destillation ergibt nach Glénard und Boudault (1844) eine saure, wässrige Flüssigkeit, in welcher Flückiger Phenol oder Pyrogallol vermuthet, sowie Benzoësäure, Aceton, Styrol und Toluol. Glénard und Boudault bezeichneten als Draconyl und Dracyl [110] zwei Kohlenwassertoffe, welche von Blyth und Hoffmann (1844) als Styrol und Toluol erkannt wurden [111]. Kovalevsky vermuthete (1861), dass Metastyrol im Drachenblute vorhanden sei [112], was von Bötsch (1880) widerlegt wurde. Durch Verschmelzen des

Palmen-Drachenblutes mit Aetzkali erhielten Hlasiwetz und Barth (1865) Phloroglucin, Para-Oxybenzoësäuse, Protocatechusäure*), Oxalsäure und Essigsäure [113]. Bötsch unterwarf das gereinigte Harz (1880) einer Reduction mit Zinkstaub und erhielt so Styrol, Toluol, Aethylbenzol, sowie die flüssigen Verbindungen $C_{11} H_{16} O$ (Siedep. 214—215°), $C_{18} H_{20} O$ (Siedep. 256—260°), und $C_{16} H_{20} O_3$ (Siedep. 236—240°) [114].

Schon Herberger hatte 3 % Benzoësäure in unserm Harze nachgewiesen. Diese wurde auch von Flückiger (1881) gefunden. Dagegen konnte Letzterer nicht Hirschsohn's Angabe (1877) [104] bestätigen, wonach Zimmtsäure im Palmen-Drachenblut vorkäme. Doch wiesen Dobbie und Henderson (1883) Zimmtsäure nach, fanden aber keine Benzoësäure [103]. Durch Kochen mit Kalkmilch gelang es mir, 2,4% dieser letzteren Säure aus gutem Harze zu isoliren, weshalb ich Herberger und Flückiger beistimmen muss.

Das angebliche Vorkommen von Eisen hat Guichard (1875) zu einer Notiz über echte und gefälschte Palmenharze veranlasst. Bretet (1875) fand, dass alle Sorten, echte wie gefälschte, immer dieses Metall enthalten [115].

Hirschsohn gab (1877) Reactionen der Drachenblutharze an, auf welche aus dem oben, Seite 52, angeführten Grunde wenig Gewicht zu legen ist [104].

Eigenschaften des Canarischen Drachenblutes.

Die mir vorliegende, sehr kleine, Probe wurde von Dr. Christ im Jahre 1884 auf Tenerife eingesammelt und Prof. Flückiger überlassen. Dieselbe haftet an dünnen, lederartigen, braunen Rindenschuppen, welche auf der Aussenseite mit einer dünnen Schicht schwarzrothen Harzes bedeckt sind. Nach Behandlung mit Alkohol wurde ein schön dunkel braunrothes Harz erhalten, welches bei etwa 60° schmolz und in höherer Temperatur gelbliche, aromatische, reizende Dämpfe

*) Ausserdem eine eigentümliche Verbindung dieser beiden Säuren. Siehe hierüber Beilstein: Handbuch der organischen Chemie. 1. Auflage, p. 1514.

entwickelte. Das Harz ist in Aethyl-, Amyl-, Methyl-Alkohol, Aether, Aceton, Alkalien und Glycerin mit schön dunkelrother Farbe löslich, in Essigsäure mit gelber Färbung. Aus diesen Lösungen wird das Harz durch Ammoniak zinnoberroth ausgefällt. Es ist unlöslich in Chloroform, Benzol, Petroleum (Siedep. 60°), Schwefelkohlenstoff und Terpentinöl. Concentrirte Schwefelsäure löst es mit schön bluthrother Farbe auf, von Salzsäure wird es dagegen sehr wenig aufgenommen; durch Salpetersäure wird es zersetzt.

Wird die alkoholische Lösung mit wässriger Bleiacetatlösung versetzt, so entsteht eine Fällung, welche in feuchtem Zustande der Probe No. 3 auf der Farbentafel genau entspricht.

Eine Elementaranalyse des von Dr. Christ gesammelten Harzes konnte ich zu meinem Bedauern nicht ausführen, da dessen Menge zu gering war; die Verbrennungen von Dobbie und Henderson (Seite 52) haben die Durchschnittsformel $C_{18} H_{18} O_4$ ergeben[85].

Eigenschaften des Drachenblutes von Dracaena schizantha.

Die aus kleinen, sehr reinen, fast schwarzen Thränen bestehende Probe des nubischen Drachenblutes ist vom Entdecker der Dracaena schizantha, Hildebrandt, selbst eingesammelt und an Professor Flückiger gesandt worden. Leider ist auch diese Probe so gering, dass nur die folgenden Eigenschaften derselben festgestellt werden konnten.

Der Schmelzpunkt liegt bei 70°. Erhitzt man dieses Harz stärker, so entwickelt es gelbliche, aromatische, nicht gerade reizende Dämpfe. Die Auflösungen des Harzes in Aethyl-, Amyl-, Methyl-Alkohol, Aceton, Glycerin und Alkalien sind von schön rubinrother Farbe. Aus derselben wird es durch Ammoniak dunkel gelblich roth gefällt. Unlöslich ist es dagegen in Aether, Chloroform, Benzol, Schwefelkohlenstoff, Petroleum (Siedep. 60°) und Terpentinöl. Concentrirte Schwefelsäure löst es mit brauner, Salzsäure sehr wenig mit gelber Farbe. Salpetersäure zersetzt es unter schmutzig brauner Färbung.

Die in der alkoholischen Lösung durch wässriges Bleiacetat hervorgerufene Fällung entspricht in feuchtem Zustande genau dem Muster No. 1 auf der Farbentafel.

Chemie des Drachenblutes aus Socotra.

Eigenschaften.

Die vom Verfasser untersuchte Sorte des socotranischen Drachenblutes bildet unregelmässige, fast thränenförmige, bis 20 mm. lange, etwas abgeplattete Stücke mit sehr unebenen Flächen, welche trotz der Bestäubung mit rothbraunem Pulver lebhaft glänzen. Auf Papier gibt das Harz rothbraune Striche. Zerschlägt man ein Stück, so zeigen die Bruchstücke die gleiche glänzende Farbe wie die soeben genannten grösseren Stücke. Ebenso sehen die Proben des Harzes aus Socotra aus, welches der Seite 15 genannte Assistant Resident Captain Hunter 1877 aus Socotra an Professor Flückiger (siehe dessen Pharmakognosie des Pflanzenreiches, 2. Aufl., S. 99, 100) gesandt hatte. Beide Sendungen zeigten geringe Reste von Rindenschüppchen und mikroskopischen Holzpartikelchen.

Da diese dem Verfasser vorliegenden Proben des socotranischen Drachenblutes weder ein Pulver bilden, noch durch ihr Aeusseres die Annahme erlauben, dass sie zusammengeschmolzen und dann wieder zerstückelt worden sind, müssen sie als zu der besten, theuersten Sorte, Edah Amsello, gehörend bezeichnet werden. Gepulvert unter Wasser betrachtet lässt diese unter dem Mikroskop auch noch bei den kleinsten Körnchen, die dunkelrothe Farbe erkennen. Im Gegensatz zu Wiesner's Behauptung (Seite 52 oben) sind weder Benzoësäure- noch Calciumoxalatkrystalle, auch nicht unter dem Polarisationsmikroskop, nachzuweisen [105].

Das Harz ist geruchlos, doch tritt beim Erwärmen mit Wasser ein eigenthümlicher Geruch, welcher lebhaft an frisch gemahlenes Getreide erinnert, auf. Beim Kauen haftet das Harz an den Zähnen ein wenig und schmeckt dabei süsslich.

Zerreibt man es, so erhält man ein dunkel rothbraunes Pulver. Beim Auflösen im Alkohol von 0,831 spec. Gew. bleiben 12% und bei der Einäscherung 3,3—3,5% Rückstand.

Wenn man das rohe Harz mit Schwefelkohlenstoff auskocht, so hinterlässt dieser nach dem Verdunsten gegen ½% eines graugelben, weichen Stoffes, welcher von Aether, Alkohol, Chloroform, wässeriger Kalilauge von 1,334 spec. Gew. leicht aufgenommen wird. Dieser Körper besitzt den schon oben, Seite 57, erwähnten Geruch der rohen Droge.

Aus dem beim Auflösen des rohen Harzes in Alkohol gebliebenen Rückstande kann mit siedendem Wasser ein Gummi ausgezogen werden, welches etwa 0,7% beträgt. Dieses Gummi ist durchsichtig, grauweiss, in siedendem Wasser leicht löslich; die Lösung wird von basischem Bleiacetat gefällt.

Die procentische Zusammensetzung meiner Proben des socotranischen Drachenblutes von unzweifelhafter Herkunft ist demnach folgende:

Harz (das eigentliche Drachenblut)	83,35
Pflanzenreste und andere Verunreinigungen .	12,00
Asche	3,50
Mit Schwefelkohlenstoff ausziehbarer, oben beschriebener Stoff	0,45
Gummi	0,70.

Das Harz entwickelt beim Erhitzen aromatische, zum Husten reizende Dämpfe. Der Schmelzpunkt des sorgfältig mit Alkohol gereinigten Harzes liegt bei etwa 70°. Es ist leicht löslich in Aethyl-, Amyl- und Methyl-Alkohol, Alkalien, Aceton, Essigäther, Glycerin (spec. Gew. 1,26), Eisessig; sehr schwer, beinahe unlöslich dagegen in Chloroform, Benzol, Terpentinöl, Petroleum (Siedep. 60°). Es enthält weder Zimmtsäure, noch Benzoësäure.

Die alkoholische Lösung des reinen Harzes reagirt schwach sauer. Neutrales Bleiacetat in weingeistiger Lösung ruft darin eine Fällung hervor, welche Dobbie und Henderson als eine Bleiverbindung des sauren Harzes deuteten und ihr die Formel $(C_{18}H_{17}O_4)_2Pb$ gaben; sie fanden darin im Mittel 25,25% Blei. Diese Bleiverbindung war leicht löslich in

Alkohol. Durch Verbrennungen des reinen Harzes gelangten die genannten Forscher zu der Formel $C_{18}H_{18}O_4$ für dasselbe[85]. Ihre Proben stammten ebenfalls direct aus Socotra.

In der alkoholischen Lösung des Harzes erzeugt wässerige Bleiacetatlösung eine reichliche Fällung, welche im feuchten Zustande der in der Farbenprobe No. 2 angegebenen Farbe entspricht.

Trockne Destillation.

300 gr. des gepulverten Harzes wurden in einer thönernen Retorte langsam erhitzt. Anfangs entwickelten sich, bei 120°, dicke, weisse Dämpfe. Bei 190° ging eine trübe Flüssigkeit, ein wenig über 200° ein mit Wasser vermischtes, dickliches, braunes Oel, dann bei 260—280° ein klares hellbraunes Oel über. Die bei der ganzen Operation entwickelten weissen Dämpfe von brenzlichen Zersetzungsproducten und Kohlensäure hörten erst bei letzterer Temperatur auf. Bei 300° war die Destillation beendet und in der Retorte blieb eine schwarze, spröde, glänzende Kohle. Das schmutzig braune, trübe, etwa 90 % betragende Product wurde mit gespannten Wasserdämpfen gereinigt. Hierbei gingen 35,0 einer gelbbraunen, sehr deutlich nach Kreosot riechenden Flüssigkeit über. Aus dieser kleinen Menge war es mir möglich, einen von 200—220°, und einen bei 239—245° siedenden Antheil zu gewinnen. Der letztere verdichtete sich im Glaskühler so, dass warmes Wasser durch denselben geleitet werden musste. Aus der ersten Fraction (200—220°) erhielt ich wiederum zwei Antheile, nämlich einen bei ungefähr 200° und einen bei etwa 220° siedenden. Beide waren farblose, ölige, in Wasser einigermassen lösliche Flüssigkeiten mit einem ausgeprägten Kreosot-Geruch. Ihre Lösungen in Alkohol wurden von Eisenchlorid schön grün gefärbt. Zu weiteren Untersuchungen war ihre Menge zu klein. Mit Rücksicht auf ihre Siedepunkte, ihren Geruch, ihr Verhalten zu Eisenchlorid glaube ich mich berechtigt, sie für Brenzcatechin-Monomethyläther $C_6H_4 < {OCH_3 \atop OH}$ (Siedep. 200°) oder

Guajacol, und Homobrenzcatechin-Methyläther $C_6H_3(CH_3) < {OCH_3 \atop OH}$ (Siedep. 220°) oder Kreosol halten zu dürfen. In der Berührung mit Luft nahmen beide Flüssigkeiten rothbraune bis schwärzliche Farbe an.

Der bei 239—245° siedende, erstarrende Antheil war hellgelb. Es gelang mir nicht, trotz wiederholtem Fractioniren, zu einem anderen Siedepunkte zu gelangen. Diese Substanz war in Alkohol (spec. Gew. 0,831) und Aether leicht löslich. Eisenchlorid färbte die alkoholische Lösung schön grün, bei Zusatz von kohlensaurem Natrium ging diese Farbe in violett über. Mit Wasser geschüttelt, gab die Substanz eine Lösung, welche von Bleiacetat gefällt wurde. Alle diese Eigenschaften würden jenen des Pyrocatechins $C_6H_4 < {OH \atop OH}$, welches bei 240—245° siedet, entsprechen.

Das bei der trocknen Destillation übergehende Wasser wurde von Eisenchlorid schmutzig grünlich-schwarz gefärbt und enthielt wahrscheinlich oben genannte Verbindungen in Lösung.

Aus diesen Resultaten geht hervor, dass das socotranische (Liliaceen-) Drachenblut sich sowohl bei der trocknen Destillation (wie auch in allen anderen Fällen) ganz anders verhält als das Palmen-Drachenblut, und dass es sich bei der trocknen Destillation einigermassen dem Guajakharze ähnlich zeigt.

Oxydation mit Salpetersäure.

Das gewöhnliche (Palmen-) Drachenblut wurde von Blumenau[109] mit Salpetersäure behandelt, wie oben, Seite 54, angegeben. Er erhielt verschiedene Resultate je nach der Concentration der Salpetersäure. Ich bediente mich einer solchen von 1,17 spec. Gew.

Das fein gepulverte Harz wurde in einer geräumigen Retorte mit der fünffachen Menge dieser Säure übergossen und auf dem Wasserbade mehrere Tage hindurch erwärmt.

Die Anfangs auftretenden rothen Dämpfe liessen bald nach. Das nach Nitrobenzol riechende Destillat wurde immer wieder zu dem Inhalte zurückgegossen. Bald färbte sich dieser gelb, das ursprünglich dunkelrothe Harz nahm eine braune, dann braungelbe Färbung an und war nach Verlauf von etwa fünf Tagen gänzlich zersetzt. Der von einem leichten, unbedeutenden Bodensatze abgegossene Inhalt der Retorte wurde nun in kleinen, mit Wasser verdünnten Portionen zur Verjagung der Salpetersäure abgedampft, indem ich das Wasser immer wieder ersetzte.

In dieser Weise wurde eine geruchlose, dunkelgelbe Flüssigkeit erzielt, welche nach vorsichtigem Eindampfen eine gelbe Krystallmasse absetzte. Diese wurde aus Alkohol (spec. Gew. 0,831) umkrystallisirt, ausgepresst, getrocknet, und mit Schwefelkohlenstoff in der Wärme behandelt, um die von Blumenau bei gleicher Behandlung des Palmen-Drachenblutes gewonnene, auch hier möglicherweise vorliegende Benzoësäure zu isoliren. Nach dem freiwilligen Verdunsten des Schwefelkohlenstoffes blieb eine geringe Menge weisser Krystalle zurück, welche ich aus Wasser umkrystallisirte und durch Sublimation noch weiter reinigte. Der Schmelzpunkt dieses, in kleinen, weissen Nadeln sublimirenden Productes befand sich bei 140,5°. Es war also nicht Benzoësäure. Um nun zu erfahren, ob vielleicht die bei dieser Temperatur schmelzende Nitrobenzoësäure vorliege, wurde eine kleine Menge derselben nach der Lassaigne'schen Probe mit metallischem Natrium geschmolzen und die Schmelze mit Wasser ausgelaugt. Der Lösung wurde an der Luft oxydirte Ferrosulfatlösung hinzugegeben, sowie Salzsäure im Ueberschuss, worauf ein blauer Niederschlag erschien. Eine Stickstoffbestimmung nach der Kjeldahl'schen Methode ergab 8,47 % Stickstoff. Es musste somit eine Mononitroverbindung der Benzoësäure vorhanden sein, welche bei 140—141° schmolz, also wohl Meta-Nitrobenzoësäure. Dieselbe verlangt für $C_6H_4(NO_2)COOH$ 8,36 % Stickstoff.

Der Rest der Krystallmasse liess durch ihre intensiv gelbe Farbe auf Pikrinsäure schliessen. Die Cyankaliumprobe ergab ein positives Resultat. Die Masse wurde auf dem Wasserbade erwärmt zur Verjagung des möglicherweise noch vorhandenen Schwefelkohlenstoffs, umkrystallisirt, ausgepresst und getrocknet. Einige Schmelzpunktbestimmungen ergaben 122°. Durch dieselben, sowie durch die schöne Reaction mit Cyankalium charakterisirte sich diese gelbe Substanz genügend als Pikrinsäure.

Als Hauptmenge der bei dieser Oxydation gewonnenen Producte trat Pikrinsäure auf, in geringster Menge die Meta-Nitrobenzoësäure. Dass ich die von Blumenau angegebene Benzoësäure nicht erhielt, könnte dadurch erklärt werden, dass die Oxydation vielleicht zu weit getrieben worden war, so dass diese bei ähnlichen Vorgängen sehr oft entstehende Säure in die eben genannte Nitroverbindung übergeführt worden war. Oxalsäure konnte nicht nachgewiesen werden.

Die Thatsache, dass bei der Oxydation des Harzes mit schmelzendem Kaliumhydroxyde, wie wir später sehen werden, Resorcin entstand, hätte bei dieser eben beschriebenen Oxydation mit Salpetersäure Trinitro-Resorcin erwarten lassen, welches ich jedoch durchaus nicht nachweisen konnte.

Bei diesem Processe allein zeigt das socotranische Harz einige Aehnlichkeit mit dem Palmen-Drachenblute. Da jedoch derartige Producte auch bei der Oxydation mancher anderer Substanzen vorzukommen pflegen, so ist darauf wenig Gewicht zu legen; nach anderer Richtung ergeben sich sehr grosse Verschiedenheiten zwichen den beiden Harzen.

Schmelzung des Drachenblutes mit Kaliumhydroxyd.

500 Gramm gepulvertes Harz wurden in einer Silberschale mit der dreifachen Menge Kaliumhydroxyd verschmolzen. Hierbei backte im Anfang das Pulver zu zähen Klumpen zusammen, liess sich aber durch Umrühren nach und nach gleichmässig mischen. — Bald trat starkes Schäumen, sowie Entwickelung von reichlichen, unangenehmen Dämpfen

ein. Unter fortgesetztem Umrühren wurde mässig weiter erhitzt, nach 15 Minuten fing die Reaction an nachzulassen, worauf ich das Feuer entfernte. Der Inhalt der Schale wurde noch warm in fünf Theilen Wasser gelöst und mit verdünnter Schwefelsäure neutralisirt. Hierbei schied sich eine grosse Menge schwarzbraunes Harz aus, etwa 30 % des angewandten Harzes betragend. Nach der Filtration wurde die braune Flüssigkeit stark eingeengt und 24 Stunden stehen gelassen, um möglichst viel schwefelsaures Kalium abzuscheiden. Die wieder filtrirte Flüssigkeit wurde mehrere Male mit Aether ausgeschüttelt, der Aether aus den vereinigten Auszügen bis auf einen kleinen Rest abdestillirt. Diesem Reste wurde ein wenig Wasser zugesetzt und die Flüssigkeit der freien Verdunstung überlassen. Nach zwei Wochen bildete sich ein brauner, von Krystallen durchsetzter Brei, welcher vermittelst Thierkohle gereinigt wurde und nun verschiedenartige Krystalle zeigte. Man konnte mit der Pincette drei Krystallformen herauslesen.

Die Hauptmenge bestand aus weissen Prismen, welche in Wasser, Alkohol und Aether leicht löslich waren und bei etwa 108° schmolzen. Ihre wässrige Lösung wurde durch Bleiacetat nicht gefällt, durch Eisenchlorid violett gefärbt. Sie reducirte Fehling's Lösung sowie Silberlösung in der Wärme. Ich vermuthete in diesen Prismen Resorcin. Um Gewissheit darüber zu erlangen, wurde eine ätherische Lösung derselben mit einigen Tropfen Salpetersäure versetzt, welche mit Salpetrigsäure-Anhydrid gesättigt war. Nach einigen Tagen konnte ich in der That einige dunkle Kryställchen beobachten, welche sich im Ammoniak mit blauvioletter Farbe lösten, wodurch meine Annahme bestätigt wurde.

Ein anderer Theil der Krystallmasse bestand aus ein bis zwei Millimeter langen, rhombischen, weissgelben Tafeln, die sorgfältig gepresst und getrocknet bei 209° schmolzen, und in Wasser, Alkohol und Aether leicht löslich waren. Die wässrige Lösung reducirte Fehling's Flüssigkeit. In dieser Lösung rief Bromwasser eine gelbe, Bleiessig eine weisse, neutrales Bleiacetat aber keine Fällung hervor. Eisenchlorid gab eine undeutlich bläuliche Färbung. Dass diese Substanz, wie nun das Verhalten des gewöhnlichen Palmen-Drachenblutes gegen schmelzendes Kaliumhydroxyd einigermassen zu vermuten erlaubte, Phloroglucin war, bestätigte die Reaction mit Anilinnitrat und Kaliumnitrit. Denn nach einiger Zeit hatte sich in der mit Kaliumnitrit versetzten wässrigen Lösung des muthmasslichen Phloroglucins mit Anilinnitrat ein dunkel ziegelrother Bodensatz angesammelt.

Zwischen den beiden bis jetzt erwähnten Substanzen hatte sich eine dritte Form von Krystallen abgelagert, nämlich kleine weisse Säulen. Gepresst und getrocknet schmolzen sie bei 102°. Dieselben waren ebenfalls in Wasser, Alkohol und Aether leicht löslich. Die wässrige Lösung wurde aber von Bleiacetat gefällt und von Eisenchlorid grün gefärbt. Diese intensive Farbe ging weiterhin beim Hinzufügen von Ammoniak in violett über. Fehling's Flüssigkeit wurde endlich beim Sieden reducirt. Diese Substanz musste Pyrocatechin sein.

Gestützt auf diese Anhaltspunkte war es nunmehr nicht schwer, ein Trennungsverfahren einzuschlagen.

Zuvörderst wurde die ganze Krystallmasse ausgepresst, sorgfältig getrocknet, und mit Schwefelkohlenstoff in der Wärme behandelt. Nachdem dieser verdampft war, wurde die zurückgebliebene schmierige, weissliche Masse aus Wasser umkrystallisirt und durch Sublimiren noch ein Mal gereinigt. Das Sublimat bestand aus einem dichten Filz von kleinen weissen Nadeln, welche bei 120° schmolzen. Die Verbrennung ergab folgende Zahlen:

0,209 gr. Substanz gaben 0,5278 gr. Kohlensäure und 0,958 gr. Wasser.

	Berechnet für C_6H_5COOH:		Gefunden:
C_7	84	68,85	68,86
H_6	6	4,92	5,09
O_2	32	26,23	—
	122	100,00.	

Dieses Product war somit Benzoësäure.

Der Rest der ursprünglichen Krystallmasse wurde nun auf dem Wasserbade erwärmt, um den Schwefelkohlenstoff vollends zu vertreiben, in Wasser gelöst, filtrirt und mit Bleiacetat versetzt. Der rothbräunliche, voluminöse Niederschlag wurde abfiltrirt und sorgfältig ausgewaschen. Das wasserhelle Filtrat wurde mit Schwefelwasserstoff behandelt, der hierdurch entstandene Niederschlag abfiltrirt und das Filtrat mit Aether mehrmals ausgeschüttelt, und dieser dem Verdunsten überlassen. Nach einigen Tagen erwies sich der Rest als in der Hauptsache aus langen, weissen Prismen bestehend, welche sich theilweise zu strahlig angeordneten Büscheln vereinigt hatten. Zwischen diesen eine kleine Menge hellbrauner, federartiger dichter Büschel. Ausgelesene Exemplare dieser Krystalle zeigten durch ihren Schmelzpunkt und die oben angeführten Reactionen, dass hier Resorcin und Phloroglucin vorlagen. Die Trennung dieser beiden Körper gelang nur theilweise durch fractionirte Krystallisation. Das Resorcin hielt auch hier wie oben, bei den vorläufigen Versuchen, immer Phloroglucin zurück. Durch mehrmaliges Umkrystallisiren aus Wasser glaubte ich dieselben soweit gereinigt zu haben, dass ich einige Verbrennungen ausführen konnte. Sie ergaben folgende Zahlen:

Resorcin.

0,20 gr. Substanz, mit Kupferoxyd verbrannt, gaben 0,478 gr. Kohlensäure und 0,987 gr. Wasser.

	Berechnet:		Gefunden:
C_6	72	65,45	65,18
H_6	6	5,45	5,47
O_2	32	29,10	—
	110	100,00.	

Phloroglucin.

0,190 gr. Substanz, mit Kupferoxyd verbrannt, gaben 0,398 gr. Kohlensäure und 0,801 gr. Wasser.

	Berechnet:		Gefunden:
C_6	72	57,14	57,12
H_6	6	4,76	4,66
O_3	48	38,10	—
	126	100,00.	

0,2 gr. Substanz verloren bei 110° 0,0448 gr. Wasser = 22,40 %.

Berechnet für $C_6H_3(OH)_3 + 2 H_2O$: 22,22 %.

Der durch Bleiacetat hervorgerufene Niederschlag wurde mit Schwefelwasserstoff zerlegt, die von der nun entstandenen Fällung abfiltrirte Flüssigkeit mit Aether mehrmals ausgeschüttelt. Die vereinigten ätherischen Auszüge, der Verdunstung überlassen, gaben nach längerer Zeit eine hellgelbe, halbkrystallinische Masse. Diese wurde zuerst aus Wasser, dann mehrere Male aus Benzol umkrystallisirt, und stellte nun sehr kleine weissliche Säulen dar, die bei 102° schmolzen, und deren wässrige Lösung von Eisenchlorid tiefgrün gefärbt wurde. Es musste diese Substanz das schon vorhin gefundene Pyrocatechin sein. Die Analyse ergab folgende, wegen der Unreinheit der Substanz etwas niedrige Zahlen:

0,275 gr. Substanz gaben 0,657 gr. Kohlensäure und 0,1298 gr. Wasser.

	Berechnet:		Gefunden:
C_6	72	65,45	65,15
H_6	6	5,45	5,24
O_2	32	29,10	—
	110	100,00.	

Im vorliegenden Falle bestand der grösste Theil der Producte aus Resorcin, weniger Phloroglucin, Pyrocatechin, begleitet von sehr wenig Benzoësäure. Bei Behandlung mit schmelzendem Kaliumhydroxyd gab dieses Harz bei anderen Versuchen am meisten Phloroglucin neben Resorcin und wenig Pyrocatechin. Dieses kann wohl nur auf folgender Annahme beruhen. Bei der Oxydation des socotranischen Drachenblutes mit schmelzendem Kaliumhydroxyd entsteht (ausser der geringen Menge Benzoësäure) **Resorcin**. Im weiteren Verlaufe der Einwirkung des Kaliumhydroxydes wird das erstere aber zu **Phloroglucin** und **Pyrocatechin** oxydirt. Ist die Einwirkung von längerer Dauer gewesen, so besteht das nachherige Hauptproduct aus Phloroglucin neben wenig Pyrocatechin, und das Resorcin ist dann hier als nur unangegriffen zu betrachten. Diese meine Annahme stütze ich auf die Untersuchungen von Barth und Schreder[116], welche ein einatomiges Phenol, und ein zweiatomiges (Resorcin) durch schmelzenden Aetznatron in Phloroglucin, Resorcin und Pyrocatechin im ersteren Falle, und in Phloroglucin, Pyrocatechin und kleine Mengen Diresorcin in letzterem Falle, überführten. Nach den von mir erhaltenen Producten des Oxydationsprocesses würde also das socotranische Drachenblut den Charakter eines einatomigen Phenoles tragen. Da die Benzoësäure bei ähnlicher Behandlung auch aus anderen Pflanzenproducten entsteht, ist ihrer Bildung in dem vorliegenden Falle wohl keine Bedeutung zuzumessen. Das socotranische Drachenblut reiht sich somit anderen Harzen und Gummiharzen an, welche beim Verschmelzen mit Kaliumhydroxyd Resorcin liefern, wie Ammoniakgummi, Galbanum, Sagapenum, Asafoetida und Acaroïdharz.

In der Mutterlauge des ausgeschiedenen Kaliumsulfats wurde Essigsäure nachgewiesen. Eine angemessene Menge Lauge wurde destillirt, das eigenthümlich riechende Destillat mit Natriumcarbonat neutralisirt, eingedampft und mit dem Rückstande die Kakodylreaction vorgenommen.

Dagegen konnte Aceton nicht nachgewiesen werden.

Schmelzung mit Natriumhydroxyd.

Um auch die Einwirkung von schmelzendem Natriumhydroxyd auf das socotranische Drachenblut kennen zu lernen, behandelte ich eine kleine Quantität gepulvertes Harz in ähnlicher Weise, wie bei der Verschmelzung mit Kaliumhydroxyd. Hier war die Einwirkung aber weniger energisch und bei der Neutralisation mit verdünnter Schwefelsäure schied sich noch mehr (etwa die Hälfte des in Arbeit genommenen Harzes) in Form schwärzlicher Brocken ab. Nachdem die eingeengte Flüssigkeit ein paar Tage gestanden, wurde sie von dem auskrystallisirten Natriumsulfat abgegossen. Das Filtrat war, im Gegensatz zu dem in gleicher Weise bei der Kalischmelze gewonnenen, schön hellgelb. Es wurde mit Aether ausgeschüttelt und der Verdampfungsrückstand aus Wasser umkrystallisirt. In dem bald entstehenden hellgelben Krystallbrei konnte Benzoësäure nicht, wie bei der Behandlung mit Kaliumhydroxyd, nachgewiesen werden. Die Krystallmasse wurde in Wasser gelöst und mit Bleiacetat versetzt, wodurch ein gelblicher, voluminöser Niederschlag erhalten wurde. Das Filtrat wurde mit Aether ausgeschüttelt und der Aether abdestillirt. Nach dem Verdunsten des letzteren blieben sehr wenige Krystalle, die sich nach mehrmaligem Umkrystallisiren als Phloroglucin erwiesen. Ihr Schmelzpunkt, Gehalt an Krystallwasser und ihr Verhalten gegen Anilinnitrat und Kaliumnitrit sprach bestimmt dafür. Die Analyse ergab folgende Zahlen:

0,175 gr. der Substanz verloren bei 110° 0.039 gr. Wasser = 22,31 %.

Berechnet für $C_6H_6O_3 + 2\ H_2O$: 22,22 %.

0,187 gr. der Substanz gaben, mit Kupferoxyd verbrannt, 0,391 gr. Kohlensäure und 0,798 gr. Wasser.

	Berechnet:		Gefunden:
C_6	72	57,14	57,02
H_6	6	4,76	4,66
O_3	48	38,10	—
	126	100,00.	

Nachdem der durch Bleiacetat hervorgerufene Niederschlag mit Schwefelwasserstoff zersetzt und abfiltrirt worden, wurde das Filtrat auch hier mit Aether ausgeschüttelt. Der Rest nach dem Verdunsten des Aethers erwies sich als Pyrocatechin.

Die Verbrennung mit Kupferoxyd ergab:

0,280 gr. Substanz lieferten 0,671 gr. Kohlensäure und 0,1354 gr. Wasser.

	Berechnet:		Gefunden:
C_6	72	65,45	65,35
H_6	6	5,45	5,38
O_2	32	29,10	—
	110	100,00.	

Hier bildete das Pyrocatechin den weitaus grössten Theil des Productes.

Versuche zur Isolirung der Harzsäure.

Wie sich erwarten lässt und übrigens von Dobbie und Henderson gezeigt wurde, besitzt das reine socotranische Harz den Charakter einer schwachen Säure. Ich versuchte diese auf demselben Wege zu isoliren, wie Hadelich die Säure des Guajakharzes dargestellt hat[117]. Zu diesem Zwecke versetzte ich eine Lösung des Drachenblutes in 6 Theilen Weingeist mit einer starken alkoholischen Kalilauge (1/8 des angewendeten Harzes an Kaliumhydroxyd). Während einer langen Beobachtungszeit schieden sich aber nur anorganische Salze und Harz aus. Auch wurde, in der Annahme, dass die muthmassliche Harzsäure krystallinisch und in Wasser löslich sei, gepulvertes Harz mit Kalkmilch ausgekocht, der dunkelbraunrothe Auszug mit Essigsäure übersättigt, das dadurch abgeschiedene Harz abfiltrirt und das hellgelbe Filtrat einer mehrmonatlichen Ruhe überlassen, aber auch hier mit negativem Resultate.

Nach Ducommun's[118] Beispiel wurde eine Lösung des Harzes in gleichen Theilen absoluten Alkohols und Eisessig acht Monate lang in einem weithalsigen, mit dünnem Filtrirpapier lose zugedeckten Glasgefässe im Keller aufbewahrt. Nachdem beinahe das ganze Gemisch eingetrocknet war, zeigten sich keine Krystalle. Es geht hieraus hervor, dass sich eine wohl charakterisirte Säure aus dem socotranischen Drachenblute nicht isoliren lässt, wie bei gewissen anderen Harzen und Gummiharzen, z. B. aus denjenigen der Abietineen, der Toluifera, der Asa foetida, Benzoë.

Unsere Kenntnis der Harzsäure des socotranischen Drachenblutes lässt sich demgemäss mit folgenden wenigen Worten zusammenfassen:

Eine krystallisirbare Säure fehlt in dem Harze; man muss sich somit dasselbe als eine sehr schwache amorphe, (einbasische) Säure vorstellen, deren alkoholische Lösung blaues Lackmuspapier kaum röthet. Diese Säure gibt mit Alkalien keine krystallinische Verbindungen. Mit Blei vereinigt sie sich zu einem Salze, dessen Formel nach Dobbie und Henderson $(C_{18}H_{17}O_4)_2Pb$ ist. Die Formel der Säure, resp. des reinen Harzes, ist nach denselben Forschern $C_{18}H_{18}O_4$[85].

Ergebnisse.

Zu bequemerer Uebersicht mögen hier die früher festgestellten Thatsachen und meine Ermittelungen kurz zusammengestellt werden.

Die Hauptaufgabe, welche ich mir gestellt hatte, war ein Vergleich zwischen dem Drachenblute der Palmen und demjenigen der Liliaceen, mit besonderer Rücksicht auf das Harz der Dracaena Cinnabari. Ich untersuchte daher vorzüglich das Verhalten des letzteren in jenen Richtungen, in welchen das Palmen-Drachenblut früher von verschiedenen Forschern eingehend geprüft worden war. Meine Resultate sind nun folgende:

1. Das Drachenblut von Dracaena Cinnabari und das Harz des Daemonorops Draco gehen in ihren Eigenschaften weit auseinander und stimmen nur in äusseren, unbedeutenden Merkmalen überein; schon ihre Löslichkeitsverhältnisse sind verschiedene.

2. Beide sind allerdings nach der rohen Formel $C_{18}H_{18}O_4$ zusammengesetzt, der Schmelzpunkt des Palmenharzes liegt aber bei 80—120°, der des socotranischen Harzes von Dracaena bei 60—70°.

3. Im Gegensatze zu dem Palmenharze enthält das socotranische weder Benzoësäure noch Zimmtsäure, auch nicht in Form von Estern.

4. Die ausgesprochenste Verschiedenheit zwischen dem Palmenharze und dem socotranischen Drachenblut zeigt sich in den Producten der Oxydation, der Schmelzung und der trocknen Destillation. In dieser Hinsicht gleicht das Palmenharz dem Benzoëharze, das socotranische dagegen einigermassen dem Guajakharze.

Das socotranische Drachenblut selbst besteht, von Verunreinigungen abgesehen, zum weitaus grössten Theile aus einem dunkelrothen, amorphen Harze von den zweifelhaften Eigenschaften einer sehr schwachen Säure, welche nicht, wie andere Harzsäuren, mit Alkalicarbonaten krystallisirende Salze gibt; sie liefert mit Bleiacetat einen amorphen Niederschlag. Bei Oxydationen verhält sich das Harz wie ein einatomiges Phenol, indem es, mit Kaliumhydroxyd verschmolzen, als Hauptproduct Resorcin liefert.

Die Drachenblutsorten der Dracaenen sind nicht löslich in Benzol und in Schwefelkohlenstoff, wohl aber diejenige von Daemonorops Draco. Unter sich weichen die Harze der Dracaenen wiederum ab durch die verschiedene Färbung der in ihrer alkoholischen Lösung durch wässriges neutrales Bleiacetat hervorgerufenen Niederschläge.

Zum Schluss dürfte eine tabellarische Uebersicht der Eigenschaften der von mir untersuchten Drachenblutsorten am Platze sein.

Übersicht der Eigenschaften der Drachenblutsorten.

A. Löslich in Benzol und Schwefelkohlenstoff.	B. Unlöslich in Benzol und Schwefelkohlenstoff.		
Drachenblut v. Daemonorops Draco.	Dracaena Cinnabari.	Dracaena Draco.	Dracaena schizantha.
Formel: $C_{18}H_{18}O_4$.	**Formel:** $C_{18}H_{18}O_4$.	**Formel:** $C_{18}H_{18}O_4$.	
Schmelzpunkt: 80—120°.	**Schmelzpunkt:** 70°.	**Schmelzpunkt:** 60°.	**Schmelzpunkt:** 70°.
Bestandtheile: Reines Harz 82 %, Benzoësäure 3 %, Zimmtsäure, Mineralische Stoffe 6 %.	**Bestandtheile:** Reines Harz 83,35 %, Gummi 0,7 %, Mit Schwefelkohlenstoff ausziehbarer Stoff 0,48 %, Pflanzenreste 12 %, Mineralische Stoffe 3,5 %.		
Producte der trockenen Destillation: Toluol, Styrol, Benzoësäure.	**Producte der trockenen Destillation:** Kreosol, Guajakol, Pyrocatechin.		
Producte der Oxydation mit KOH: Phloroglucin, p-Oxybenzoësäure, Protocatechusäure, p-Oxybenzoësäure-Protocatechusäure, Benzoësäure, Essigsäure, Aceton, Oxalsäure.	**Producte der Oxydation mit KOH:** Resorcin, Phloroglucin, Pyrocatechin, Benzoësäure, Essigsäure.		
	Oxydation mit NaOH: Pyrocatechin, Phloroglucin.		
Oxydation mit HNO_3: Pikrinsäure, m-Nitrobenzoësäure, Oxalsäure.	**Oxydation mit HNO_3:** Pikrinsäure, M-Nitrobenzoësäure.		
Reduction durch Zinkstaub: Toluol, Styrol, Aethylbenzol, $C_{11}H_{16}O$, $C_{13}H_{20}O$, $C_{16}H_{20}O_3$.			

Erklärung der Tafeln.

I. **Daemonorops Draco** Blume. Links ein Blatt von oben, rechts ein solches von unten gesehen.

Nach Blume: Rumphia.

II. Analytische Tafel zum vorigen. Links der oberste Theil des Stammes, in der Mitte ein Blüthenstand, rechts ein Theil desselben vergrössert, zwischen diesen beiden ein Fruchtstand.

Nach Blume: Rumphia.

III. **Dracaena Draco** L. Dieses Exemplar, das grösste der Canarischen Inseln, befindet sich bei der Stadt Icod de los Vinos auf Tenerife.

Nach einer Zeichnung von Dr. H. Christ in Basel.

IV. **Dracaena Draco** L. Ein wenig kleineres Exemplar als voriges. In Realejo el Arriba, Tenerife.

Nach einer Photographie von Márcos Baeza, Tenerife welche ich ebenfalls Herrn Dr. H. Christ verdanke.

V. **Dracaena Ombet** Kotschy et Peyritsch.

Nach Kotschy: Plantae Tinneanae.

VI. **Dracaena Cinnabari** Balfour fil. Junges Exemplar.

Nach Dr. Schweinfurth's Zeichnungen, 1884.

VII. **Dracaena Cinnabari.** Mittleres Exemplar in Socotra bei 300 Meter Höhe über dem Meere oberhalb Wadi Keschen.

Nach Dr. Schweinfurth.

VIII. **Dracaena Cinnabari.** Alter Baum. In der Passhöhe Addehen am Nordabhange des Haghiergebirges.

Nach Dr. Schweinfurth.

IX. Farbentafel.

Tafel 1.

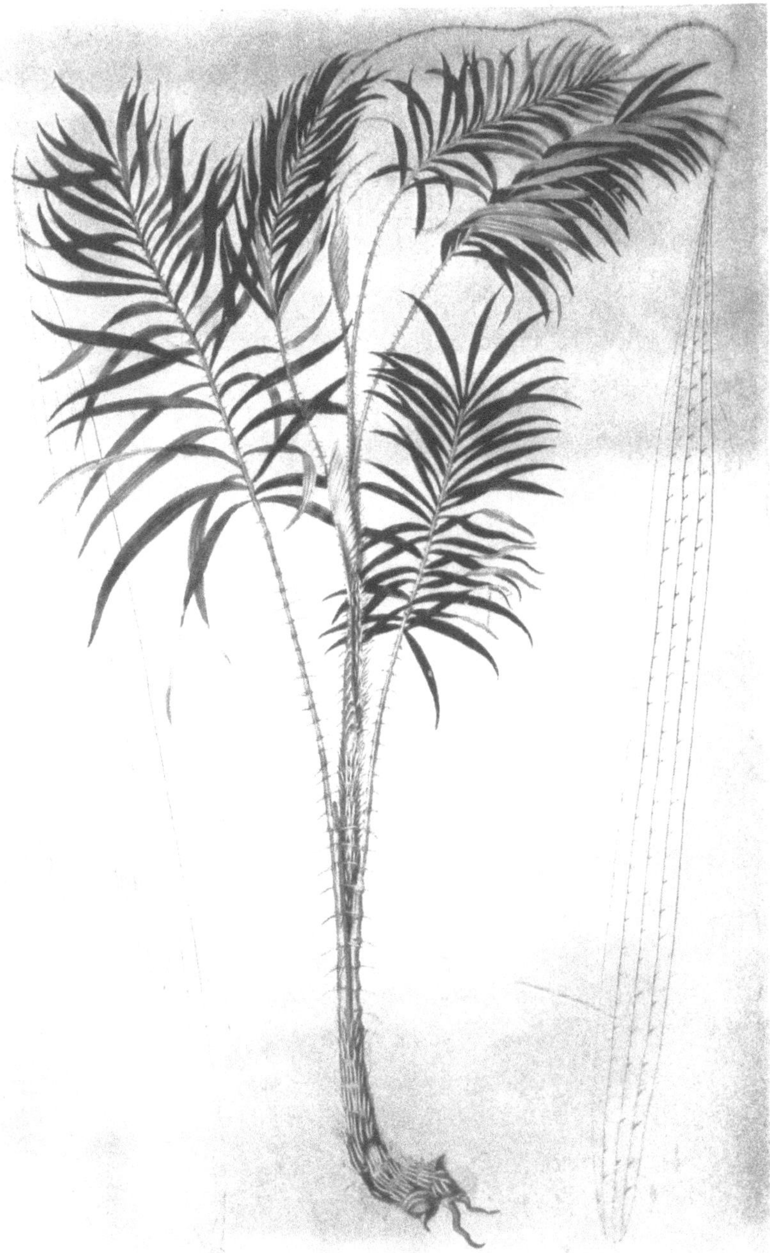

Tafel III.

Tafel V.

Tafel VI.

Tafel IX.

Farbentafel

zu den Bleifällungen der verschiedenen Drachenblutsorten.

No. 1.

Dracaena schizantha.

No. 2.

Dracaena Cinnabari.

No. 3

Dracaena Draco.

No. 4.

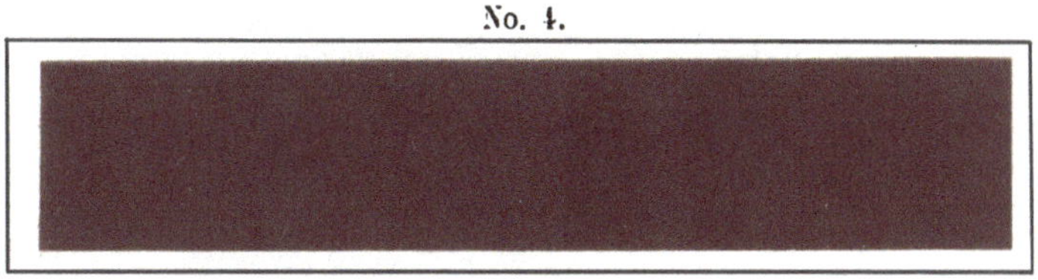

Daemonorops Draco (Palembang-Harz).

FSC
www.fsc.org
MIX
Papier | Fördert gute Waldnutzung
FSC® C083411

Zeitfracht Medien GmbH
Ferdinand-Jühlke-Straße 7
99095 Erfurt, Deutschland
produktsicherheit@kolibri360.de